U0334436

光　明　城
LUMINOCITY

看见我们的未来

PLASTIC COATING
塑料外衣

塑料建筑与外墙概览
An Overview of Plastic Buildings and Their Skins

胡越　游亚鹏　著

同济大学出版社
TONGJI UNIVERSITY PRESS

CONTENTS /
目录

FOREWORD/
前言

图 1. 利口乐欧洲工厂和仓库（详 p65）

图 2. 格拉茨美术馆（详 p100）

新材料的使用极大地扩展了建筑设计的范围，在更高、更大、更轻、更新颖、更经济等设计需求的驱动下，建筑师和工程师正在坚持不懈地寻找传统建筑材料之外的新材料。近些年来，新材料不断涌现：木材被加工成一系列成品板材；玻璃被加工成多层复合材料，每层发挥着不同的作用；金属被制成膨胀的泡沫形状……这些新材料被应用到建筑上，并改变了建筑的面貌。目前仍然有许多新材料的设想还没有实现，科学家和工程师正致力于新建筑材料的开发。

在新型建筑材料的开发过程中，大致有两个趋向：一种是高科技产品，如气凝胶、纤维增强材料，以及一些听起来有点科学幻想味道的材料，如能自我修复的生物技术材料；另一个趋向是创造性地使用低成本传统材料，这种以创新方式应用现有材料的方式同样也可以为建筑创新提供美好的前景。19世纪发展起来的塑料，其工艺流程一直在不断改进，这种改进能够产生新的品种，并使其有更广泛的应用前景。塑料制品几乎已经

成为现代生活中最常见的物品，从产品包装，日用百货、家用电器到服装，都有大量的塑料制品。然而在建筑领域，塑料却经常给人们一种临时性、易老化、廉价的感觉。近年来，随着塑料工业的迅速发展，塑料产品在发达国家的建筑领域已经获得了良好的声誉，在建筑领域的应用也越来越广泛。它们所具有的质轻、强度高、造价低等特点，已经逐渐纠正了人们对于塑料产品的一些偏见，如耐候性差、易老化、褪色、廉价等。防紫外线和高耐候性已经成为当代建筑对塑料制品的基本要求之一。塑料已经不再仅仅是临时性的建筑材料，许多永久性的建筑也在使用。塑料已从简易的库房用材，变成可以大面积印刷的艺术装饰品（图1）。塑料外墙板材已运用在美术馆等文化建筑上（图2），其美学价值已经被许多实验建筑师所重视。与光线配合，塑料板可以传达出传统建筑材料无法表达的半透明的、非硬质的、迷幻的感觉。另外，它的超强可塑性使其成为数字建筑师所钟爱的建筑材料。

材料科学是21世纪最重要的尖端科学之一，

而塑料是材料科学中的一个重要的分支。它将更加广泛地应用于各个领域,当然也包括建筑行业。建筑师的职业特点限制了我们深入参与材料的发明、科学研究和制造,但建筑师在新材料的发展中也并不是毫无用武之地,他们了解材料的性能,可以创造性地使用材料,同时提出新的发展要求。显然,塑料制品在建筑中的应用,与其在航天工业和汽车工业中的应用相比,还是很落后的,可见未来塑料在建筑领域中的应用将会迎来巨大的发展机遇。因此建筑师急需深入了解当前塑料产品的基本知识,以及其在建筑领域的应用状况。基于这样的目的,我们编写了这本浅显的关于塑料的读物。

实际上,塑料产品在建筑上的应用已经相当广泛,比如各种胶、密封条、防水材料、各种管道、门窗的框,以及在建筑中使用的各种机器设备中的部件,只是这些应用的范围几乎不涉及建筑的外部装饰。但近些年特别是由于数字建筑的发展,状况发生了很大的变化。首先在室内装修领域,出现了大量用塑料做的吊顶和墙面(图3),其次在室外装修领域,以塑料为外墙材料甚至以塑料为主体结构材料的建筑都频繁出现(图4)。本书将把注意力集中在建筑外墙材料这部分。

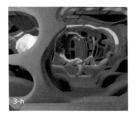

图 3. 室内装修材料中的塑料。
(a) 米兰百货公司美食中心；(b)
圣保罗"匹诺曹：美丽的艺术展"
的一间展室；(c) 米兰马尔彭萨机
场喜来登酒店及会议中心；(d) 里

约热内卢市民中心；(e) 斯图尔特·
韦茨曼罗马旗舰店；(f) 阿里（Ali）
城市照明系统；(g/h) 维纳尔·潘
顿的家具与室内设计

图 4. 室外装修材料中的塑料。
(a) 波尔图博临时酒吧（详 p138）；
(b) 上海世博会上海企业联合馆
（详 p92）；(c) IBM 移动展厅
（详 p64）；(d) 塑料箱搭建的鹿
特丹展馆（详 p181）；(e) 快速建

筑——塑料工作室（详 p182）；(f)
1972 年慕尼黑奥运会体育场（详
p98）；(g) 2010 上海世博会"德
中同行之家"（详 p94）；(h) 南
特建筑学院（详 p90）

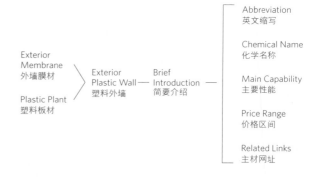

Exterior
Membrane
外墙膜材

Plastic Plant
塑料板材

Exterior
Plastic Wall — Brief
塑料外墙   Introduction —
              简要介绍

Abbreviation
英文缩写

Chemical Name
化学名称

Main Capability
主要性能

Price Range
价格区间

Related Links
主材网址

Content /
本书内容

对外墙使用的塑料材料的简要介绍，主要包括化学名称、英文缩写、主要性能、价格示意（不具体标明价格，仅用图例表示其价格区间，如低、中、高等）、主要材料网址等。

本书中的塑料外墙材料主要是指主材为塑料的外墙装饰材料，如塑料板材和外墙膜材；不包括外墙装饰面之外的功能层，如防水层、防潮层等；不包括主材为天然材料而经改性合成的复合外墙装饰板材，如以木材为主的各种复合板、夹芯铝板等；也不包括各种胶和外墙涂料、镀膜等。

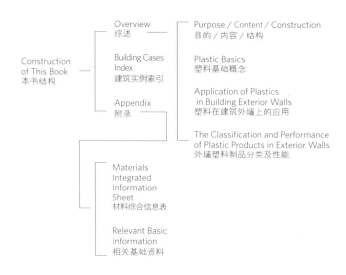

Construction of This Book
本书结构

- Overview
  综述
  - Purpose / Content / Construction
    目的 / 内容 / 结构
  - Plastic Basics
    塑料基础概念
  - Application of Plastics in Building Exterior Walls
    塑料在建筑外墙上的应用
  - The Classification and Performance of Plastic Products in Exterior Walls
    外墙塑料制品分类及性能
- Building Cases Index
  建筑实例索引
- Appendix
  附录
  - Materials Integrated Information Sheet
    材料综合信息表
  - Relevant Basic Information
    相关基础资料

Construction /
本书结构

本书由三个部分组成：第一部分为综述，主要包括本书的目的、结构、内容以及塑料的定义、分类、成型工艺和在建筑外墙上应用的材料的主要特征和介绍，还包括具有耐候性能的其他材料和对塑料未来的简要叙述。第二部分为外墙采用塑料的建筑实例索引。第三部分是附录，主要包括材料综合信息表和与之相关的一些基础资料。由于本书的目的是帮助职业建筑师对塑料在建筑外墙上的应用有一个全面、清晰、直接的认识，

因此本书的主要内容将以图表和简单文字相结合的方式呈现给读者，减少长篇大论，文字以定性描述为主，内容以介绍产品为主，不进行化学和材料种类上的理论描述，尽量做到浅显易懂。建筑实例的介绍，为了保证本书类似于工具书的特色，放弃了一般建筑类图书中大量出现的建筑平立剖面及外墙大样，只给出概述和索引。有兴趣的读者可以根据索引找到其他相关资料，对项目进行更深入的了解。

8-19

BASIC CONCEPTS
塑料基础概念

DEFINITION /
定义

　　什么是塑料？塑料原意是可以被成型加工的材料。"塑料的英文名称'plastic'来自希腊语'plastikos'，意思是'成型''可成型'或者'具有可塑性'，作为形容词经常被使用，就产生了'塑料'一词。'塑'的汉字本义是指'用泥土捏成人物形象'，'塑性'引申为'能自由成型'之意，'塑料'也就是有可塑性的材料。"[1]我们在这里谈的"塑料"则是指用人工方法合成的高分子树脂（又称合成树脂）经加工之后而形成的材料（图5）。塑料的主要成分是合成树脂，是合成树脂在加工过程中加入（或不加）增塑剂、填充剂、润滑剂、着色剂等添加剂，在一定强度和压力下塑造成一定形状，并在常温下能保持既定形状的有机高分子材料。通俗地讲"塑料与高分子树脂两者之间的关系就如同米饭与大米。在没有蒸煮之前是大米，在蒸煮之后就成了米饭。同样塑料在未进行加工之前的主要成分就是高分子树脂，加工之后就称之为塑料"[2]。

　　这里介绍几个塑料的基本名词。

---

1. 陈根. 塑料之美 [M], 北京: 电子工业出版社, 2010: 2.
2. 同上 .

5-a

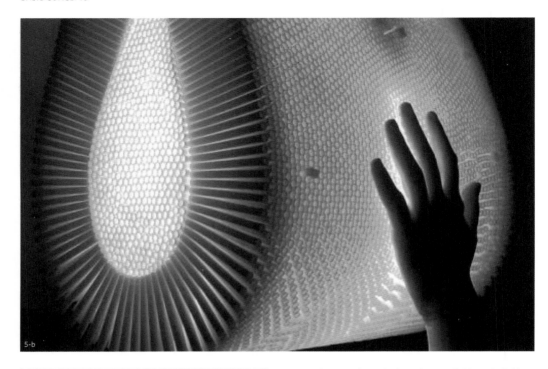

5-b

Polymers
聚合物（也称高分子化合物）

由千百个原子彼此以共价键结合形成相对质量特别大，具有重复结构单元的化合物。

Polyaddition and
Polycondensation Reactions
加聚反应和缩聚反应

由一种或多种单体相互加成，结合为高分子化合物的反应，叫加聚反应。该反应过程中没有其他副产物产生，生成的聚合物的化学组成与单体的基本相同。缩聚反应是一类有机化学反应，是具有两个或两个以上官能团的单体，相互反应生成高分子化合物，同时产生有简单分子的化学反应。兼有缩合出低分子和聚合成高分子的双重含义。

Crystalline and Amorphous
晶态和非晶态

高分子化合物几乎无挥发性，常温下常以固态或液态存在。固态高聚物按其结构形态可

图 5. 塑料。(a) 高冲击强度聚苯乙烯；(b) 聚丙烯管；(c) 聚合树脂；(d) 各类高分子树脂

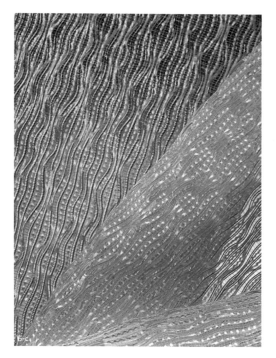

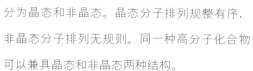

分为晶态和非晶态。晶态分子排列规整有序，非晶态分子排列无规则。同一种高分子化合物可以兼具晶态和非晶态两种结构。

Thermoplastics and Thermosetting Plastics
热塑性塑料和热固性塑料

热塑性塑料指具有加热软化、冷却硬化特性的塑料。我们日常生活中使用的大部分塑料都属于这个范畴。加热时变软以至流动，冷却变硬，这种过程是可逆的，可以反复进行。

热固性塑料是指在受热或其他条件下能固化或具有不溶（熔）特性的塑料。热固性塑料第一次加热或加压时可以软化流动，加热到一定温度，产生化学反应——交联固化而变硬，这种反应是不可逆的。此后，再次加热、加压，已不能再变软流动。

CLASSIFICATION / 分类

从现有资料看，塑料的分类并不统一，可谓五花八门。按使用特性分类可以分成通用塑料、工程塑料和特种塑料三种类型；按理化特性分类，可以分成热固性塑料和热塑性塑料两

塑料在材料学中的位置 [3]

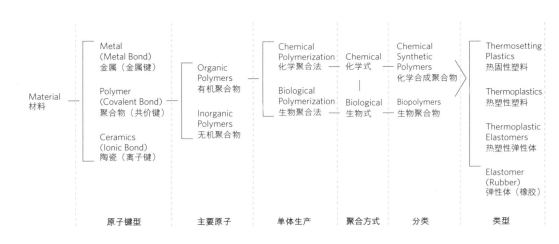

Material 材料					
Metal (Metal Bond) 金属（金属键）		Chemical Polymerization 化学聚合法	Chemical 化学式	Chemical Synthetic Polymers 化学合成聚合物	Thermosetting Plastics 热固性塑料
Polymer (Covalent Bond) 聚合物（共价键）	Organic Polymers 有机聚合物				Thermoplastics 热塑性塑料
Ceramics (Ionic Bond) 陶瓷（离子键）	Inorganic Polymers 无机聚合物	Biological Polymerization 生物聚合法	Biological 生物式	Biopolymers 生物聚合物	Thermoplastic Elastomers 热塑性弹性体
					Elastomer (Rubber) 弹性体（橡胶）
原子键型	主要原子	单体生产	聚合方式	分类	类型

---

3. 参考： （德）奥斯瓦尔特·鲍尔·布林克曼，奥伯巴赫·施马赫腾贝格. 国际塑料手册 [M]. 北京：化学工业出版社，2010: 3.

种类型：按加工方法分类，可分成模压、层压、注射、挤出、吹塑、浇铸和反应注射塑料等多种类型。很多分类将不同的分类形式混在一起，因此有必要将塑料在材料学分类中的位置以表格的形式表达，以便大家有一个清楚的认识。

为了将塑料的分类与后面要谈到的具体塑料品种建立起联系，此处引入另一个表格，以便大家了解不同的塑料在塑料家族中的位置。

塑料的分类 [4]

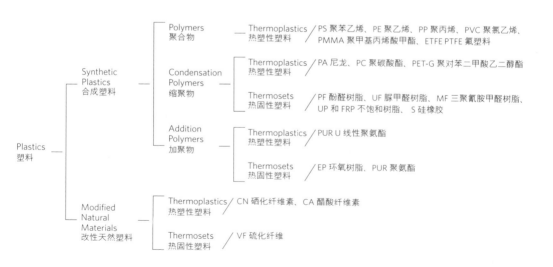

4. 参考: Frank Kaltenbach (Ed.) . Translucent Materials-Detail Praxis [M] . Munich:Birkhauser Edition Detail, 2004 : 41.

A BRIEF HISTORY /
历史

1860   **1900**   **1920**

19 世纪以前，人们已经开始利用沥青、松香、琥珀、虫胶等天然树脂

1868
将天然纤维素硝化，用樟脑作为增塑剂制成世界上首个塑料品种——赛璐珞（celluloid）

1872
在美国纽瓦克建厂生产赛璐珞。当时除用作象牙代用品外，还加工成马车和汽车的风挡和电影胶片等，从此开创了塑料工业，相应地也发展了模压成型技术

1903
德国人 A. 艾兴格林发明了不易燃烧的醋酸纤维素（CA）和注射成型方法

1907
比利时人列奥·贝克兰以煤焦油为原料制成世界上第一种合成塑料——酚醛塑料 (PF)

1911
英国人发现聚苯乙烯 (PS)，1930 年德国法本公司开始对其进行工业生产

1912
德国化学家科莱特成功地合成了聚氯乙烯 (PVC)

1918
奥地利化学家约翰研制出第一种无色塑料——脲醛塑料（UF）

1920
一种新型的塑料合成材料——苯胺 - 甲醛塑料诞生

1924
德国化学家 H. 施陶丁格给出了高分子的明确定义

1926
美国人 W.L. 西蒙发现聚氯乙烯的新特性。1931 年德国法本公司在比特费尔德用乳液法生产聚氯乙烯。1941 年，美国又开发了悬浮法生产聚氯乙烯的技术。从此，聚氯乙烯一直是重要的塑料品种

1928
第一个无色的树脂——脲醛树脂，由美国氰氨公司投入工业生产

1929
美国化学家 W.H. 卡罗瑟斯提出了缩聚理论

1930   1940   1950

1930
以尿素为基础原料的三聚胺甲醛树脂（MF）出现

1931
美国罗姆 - 哈斯公司以本体法生产聚甲基丙烯酸甲酯（PMMA），制造出有机玻璃

1933
英国卜内门化学公司发明了聚乙烯（PE）

1935
美国化学家 W.H. 卡罗瑟斯发明聚酰胺 (PA)，进而于 1936 年合成了 PA66，并由杜邦公司于 1938 年命名为尼龙 (Nylon)。尼龙是世界上第一种合成纤维

1939
美国氰胺公司开始生产三聚氰胺甲醛树脂的模塑粉、层压制品和涂料

1930-1940
热塑性塑料出现，品种和产量急剧增加

1940
英国的温菲尔德成功合成了聚酯纤维 (PET)，即涤纶

1943
聚四氟乙烯 (PTFE)，又称泰富龙或氟塑料，由杜邦公司首次推向市场

1950
发明齐格勒 - 纳塔催化剂，使聚烯烃的聚乙烯 (PE) 和聚丙烯 (PP) 成为世界上产量最大的塑料

1970s
聚烯烃塑料又有聚 1- 丁烯和聚 4- 甲基 -1- 戊烯投入生产，形成世界上产量最大的聚烯烃塑料系列。同时出现了多品种高性能的工程塑料

FUTURE /
未来

这是一本关于塑料在建筑外墙应用的书，而塑料的未来会深深地影响其在建筑外墙上的应用，这里简要地展望一下塑料工业未来发展的趋势。

Miniaturation
微型化

随着小型化电子元件和医疗器件的发展，微型注塑件正朝着更小型的"纳米级"方向发展。

More Energy Saving of Processing Technology
更加节能的加工工艺和技术

在塑料加工过程中比如挤塑、吹塑等工艺都需要将材料加热、熔融，因而耗费大量能源。因此研发更加节能的加工工艺和技术是未来塑料工业的一个趋势。

Bioplastics
生物塑料

塑料的原材料是石油，石油的未来似乎决定着塑料的未来，而寻找石油之外的原材料是塑料未来的一个重要课题。现在用玉米粉或其他可再生植物原料来代替石油制造塑料已经取得了很大进展。有人预言生物塑料将是未来塑料的主要品种。

Fashion Materials
时尚材料

"所谓时尚材料是指根据环境变化，其刚度或其他性能可发生变化的材料"[5]，这种材料将用在未来的基础设施上。时尚材料可用于加工变色太阳镜及窗户玻璃薄膜。专家预言"一条采用复合材料建造的长跨度桥梁能适应环境

5. 未来 50 年塑料工业会有什么新变化 [J]. 国外塑料，2006，20 卷（第五期）: 44.

条件的变化，如狂风袭击。铺设在桥梁内的压电材料层受到移动的影响，而产生一股电流，使材料即时变得更坚韧。"

材料的优点更加突出。例如一般塑料不具有导电性，科学家通过改变内部结构的方法来使塑料具有半导体、导体和超导体的特性。

Biodegradable
可降解

由于塑料一般具有较好的抗化学能力，在自然条件下较难分解而造成白色污染，因此产生了可降解塑料。但可降解塑料使塑料的化学稳定性降低，而且仍然对环境有破坏作用，并消耗粮食。因此生产出克服上述弱点的可降解塑料是未来的发展方向。

Better Physicochemical Properties
物理化学性能更优化

塑料本身有其明显的优缺点，人们正试图通过改变材料本身的内部结构，或经过化学改性使

Better Looking
更美观

随着材料科学的不断发展，塑料的美学表现力更多彩，更生动。

Composite Materials
复合型材料

为了改善材料的特性，或满足对材料的多种功能需要，除采用改变材料本身的物理化学性能的方法，采用多种材料复合是另一个重要的方法。塑料与其他材料、不同塑料之间的合成将成为新材料的主流。

20-45

APPLICATION OF PLASTICS
IN BUILDING EXTERIOR WALLS
塑料在建筑外墙上的应用

A BRIEF INTRODUCTION /
简述

在建筑中，塑料往往用在不明显的部位，以泡沫、薄膜、板材，以及涂层和化学添加剂的形式出现。在 20 世纪 60 年代和 70 年代，塑料在建筑上得到了较大的发展。但是很快人们就对它们不感兴趣了，这是由不适当的应用和技术上的缺陷导致的。1973 年至 1974 年的石油危机彻底断送了它的命运。

早在 19 世纪，发明家就开始寻找一种比天然材料经济且性能更好的新材料。之后，军工的需求推动了塑料产品的发展。20 世纪初的早期塑料是像胶木那样又重又黑的酚醛树脂（PM），接下来才有了具有靓丽颜色的热固塑料。今天在建筑中使用的大部分通用聚合物都是 20 世纪 30 年代到 50 年代开发出来的。在应用新材料的初期，厂家开发了材料的广泛用途，从室外到室内墙体、厕所和其他设施。最早的实例之一是一幢组装的塑料项目"未来之屋"（图 6），由美国的孟山都（Monsanto）公司开发和研制，并于 1957 年在迪斯尼乐园建成。此外，也有一些用高分子聚合物建造的独立住宅，比如巴斯卡 · 豪泽曼（Pascal Hausermann）1964 年在法国城市曼志埃（Minzier）设计的住宅（图 7），全部在工厂用手工建造。维纳尔 · 潘顿（Verner Panton）在这一领域进行了极富创造性的工作，在 1960 年建成塑料住宅之后，他的注意力集中于发掘塑料材料在室内设计方面的潜能，例如长达十年进行投资开发的独特的潘顿椅（图 8）。这些合成材料的自由形态的室内景观早在生物形态和计算机生成设计出现之前就已处于世界领先的地位。

1950s-1960s House of the Future
1950—1960 年代，未来之屋

图 6. 迪斯尼乐园的未来之屋（详 p139）
图 7. 敏济尔住宅系列（详 p140）
图 8. 维纳尔 · 潘顿的家具与室内设计

在登月的年代里，在一个消费的社会中，塑料带有某些未来的色彩。例如 1968 年马蒂·苏洛宁（Matti Suuronen）设计的飞碟屋（Futuro House，图 9）是一个塑料的度假别墅，由预制的单元组成，单元由卡车运到现场，只需三个人就能安装，整幢房子还可以用直升飞机搬运。飞碟屋为实现塑料建筑从实验室到标准化生产的梦想迈进了一大步。君特·贝尼斯（Gunter Behnisch）和他的团队在许多方面表达了塑料的潜能，比如 1972 年慕尼黑奥运场馆上的巨大顶棚（图 10），有机玻璃板提供了良好的光线和透明度。1969—1973 年由詹姆斯·斯特林（James Stirling）设计的建于英国的奥利维蒂（Olivetti）管理和培训中心（图 11），是一个在使用塑料方面把工业设计和建筑设计紧密地结合在一起的优秀实例。这个带有两翼的综合体包括一个钢架结构和玻璃钢板，玻璃钢板有时尚的颜色和光滑的表面。排水天沟等常见细节消失了，突显了它的技术产品的特性。

1960s-1970s, Futuristic Plastic
1960—1970 年代，未来色彩

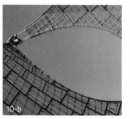

图 9. 未来之屋（详 p141）
图 10. 1972 年慕尼黑奥运会体育场（详 p98）
图 11. 奥利维蒂管理和培训中心（详 p142）

1970s, Bubbles and Blobs
1970 年代，水滴和泡泡

12-a

当前时尚的泡泡和水滴造型，早在 1970 年代就有了。沃尔克·金克（Volker Giencke）是这一领域开发的先行者，其作品格拉茨（Graz）大学植物园中的暖房（1982—1993，图 12）包括铝结构、根据推力得出的曲线拱，以及覆盖其上的多层双曲面有机玻璃板。泡泡和水滴是目前微建筑和生活单元的一种趋势，很像艺术家乔珀·凡·利斯豪（Joep Van Lieshout）设计的东西，主要也是由聚合物建造的。

12-b

12-c

图 12. 格拉茨大学植物园暖房（详 p99）

1980s, Translucent
1980 年代，半透明

自从 1980 年代以来，透明和半透明的塑料半成品板材广泛地应用在建筑外墙上，以实现白天透光和夜间辐射。在满足使用需求的情况下，网状的板可以在内与外之间形成保温层，比如弗洛里恩·纳格勒（Horian Nagler）设计的位于博宾根（Bobingen）的考夫曼霍兹公司储运中心（图 13）。与之相反的是坂茂（Shigeru Ban）在东京设计的裸宅（Naked House，图 14），它的外墙半透明兼具保温功能，外墙包括外侧的塑料波形板、内侧的塑料薄膜以及夹在中间的聚乙烯（PE）纤维层。在由科恩·凡·韦尔森（Koen Van Velsen）设计的位于鹿特丹的帕泰电影院（Pathé Cinema，1995，图 15）项目中，巨大的波形聚碳酸酯板（PC板）外墙形成了一个独立于内部的结构。

图 13. 博宾根考夫曼霍兹公司货物储运中心（详 p74）
图 14. 东京附近小屋（详 p144）
图 15. 帕泰电影院（详 p68）

Second Skin
第二表皮

塑料立面可以成为建筑第二层表皮，例如拉卡顿与瓦萨尔建筑事务所（Lacation & Vassal Architects）设计的南特建筑学院（图 16），或者作为独立结构外的表层——埃里克范·埃格拉特（Eric Van Egeraat）设计的乌德勒支时装学校，不透明或半透明的塑料板把实际的结构隐藏起来，透明的板子让不同的立面层的肌理和色彩效果混合在一起。此外，还有由 XX 建筑师事务所（XX Architects）设计的位于鹿特丹的儿童艺术宫（图 17）。

New Processes
新阶段

新的纳米技术的工艺可以制造出类似玻璃质感的塑料，即使它不会很快取代玻璃，但有三个优点值得一提：自由塑形，非常轻，韧性大、不易碎裂。进入 21 世纪，大量的工程实例显示建筑中的塑料应用进入一个新阶段，例如由魁卡夫（Querkraft）设计的位于维也纳的住宅（图 18），这里"胶囊"单元是对 1960 年代对未来交通的设想的回忆；同样由 KOL／MAC 建筑师双人组（Sulan Kolatan 和 William MacDonald）设计的纽约公寓中的装置（图 19），也是对约·科伦博（Joe Colombo）1969 年为拜耳公司设计的样板间的追忆。在这个纽约实例中，各种构造元素融入地面，所有设计都是由计算机三维模型发展来的。事实上，使用计算机设计自由形态是非常合适的。1960 年代是在建筑中使用合成材料的初期，使用塑料是一种相信新技术的态度，而今天采用塑料多出于实用主义的考虑。

图 16. 南特建筑学院（详 p90）
图 17. "斑马屋"儿童艺术宫（详 p72）
图 18. 维也纳的住宅
图 19. 纽约公寓中的装置

Large Scale Membrane Tent Construction
帐篷结构

ETFE
乙烯 - 四氟乙烯共聚物充气枕

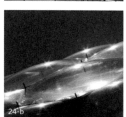

塑料适用于大型帐篷结构，其原理是将结构承受的竖向荷载，转化为塑料薄膜表面的张拉应力；只有张拉应力，因此最省材料。大型薄膜是 20 世纪后期发明的，被应用在伦敦的千年穹顶（图 20）和位于柏林附近勃兰德（Brandt）的浮空货运中心（Cargo Lifter hall，图 21）等项目中。这些实例中塑料构成了主要的受力材料。

在今天，ETFE（Ethylene-Tetra-Fluoro-Ethylene，乙烯 - 四氟乙烯共聚物）成为膜结构的一个重要的原材料。这种材料透明或半透明，并且可以进行层压。ETFE 主要用于充气枕结构中，由贾博尼格和帕尔菲（Jabornegg & Palffy）设计的覆盖在维也纳罗斯切尔德宫舍勒银行院子上的非常明亮的屋顶（图 22），以及尼古拉斯 · 格雷姆肖（Nicholas Grimshaw）设计的位于英国莱斯特（Leicester）的太空中心塔（图 23）就是使用 ETFE 的例子，而最令人信服的把承重结构和充气枕结合在一起的案例，是格雷姆肖设计的位于康沃尔（Cornwall）的伊甸园项目（图 24）。塑料总是激发设计师设

图 20. 千年穹顶（详 p172）
图 21. 浮空货运中心停机库 / 热带之岛（详 p160）

图 22. 罗斯切尔德宫舍勒银行
图 23. 英国莱斯特国家航天中心（详 p162）
图 24. 伊甸园（详 p161）

Experimental Work
实验建筑

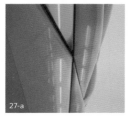

梅隆在慕尼黑设计的安联体育场（Allianz Arena，图 27）的外墙和充气枕 ETFE 结构可以发出多种颜色的光，是一个塑料视觉形象表现成功的案例。

Extending Boundaries
扩展尝试

计一些实验建筑，如迈克尔·拉克威茨（Micheal Rakowitz）为纽约无家可归的人设计的充气支撑寄生庇护所（图 25）。在这个项目中，这个充气的虫形结构依附在一个已有的建筑上，利用建筑通风为其提供暖空气。一个由未来系统事务所（Future Systems Architects）提出的未来世界教室（图 28）原型的设计概念正在伦敦附近发展之中，它包括独立的、预制的"软"空间式的玻纤增强树脂（GRP）结构。由彼得·库克（Peter Cook）和考林·福尼尔（Colin Fournier）设计完成的新格拉茨美术馆（Kunsthaus Graz，图 26）是一个放在玻璃基座上的非线性体量，它的塑料外壳模糊了墙与顶的非线性美学效果；而 1999 年法兰克福车展上的 BMW 展厅，塑料单元发展成为建筑表皮，没有形成自承重结构体系。由赫尔佐格和德

桥梁、造船和航空业在结构上应用塑料比建筑早几十年。让·米歇尔·杜卡奈尔（Jean-Michel Ducanelle）设计的漂浮的假日住宅（图 29）是一个适度扩展建筑范围的尝试。

Self-supporting
承重和组合结构

Plastics for Architectural Use in China
Expo 2010——中国制造

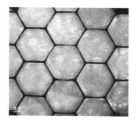

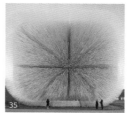

承重或自承重塑料单元用在德国埃姆斯戴腾（Emsdetten）的公共汽车站（图30）上，大部分构件是在工厂里造好，然后在现场组装的。比创造全塑料结构更明智的是利用塑料特有的优势与其他材料进行组合。伦佐·皮亚诺在 1984 年设计的 IBM 展厅（图31）利用透明的 PC 单元，木质拱形结构以及金属连接件设计出一个很棒的组合结构。塑料可以像混凝土一样坚固、可塑，但在形式上比混凝土有更大的可能性，它们可以不透明，也可以透明，形式上有各种改进的可能，但塑料只有在将来的建筑中获得全面的认可，并且重新界定设计质量和手工艺时，才能显示出其本质的优点。

我国虽然在建筑外墙中运用塑料起步较晚，

但发展势头强劲。早期张永和等人就在一些小型建筑上进行过应用的实验（图32）。由朱锫设计的木棉花酒店改造工程（图33）于 2006 年建成，主立面采用了大量的塑料。2008 年建成，由北京院胡越工作室设计的上海青浦体育馆训练馆改造，也是一个在外墙大量使用塑料材料的项目（图34）。2008 年北京奥运会游泳馆是继安联体育场后世界上又一个使用 ETFE 薄膜做外墙材料的大型体育建筑。2010 年上海世博会（图35）更将建筑外墙中应用塑料的实践提升到一个前所未有的高度。在世博会大规模的实践之后，我国在建筑外墙中使用塑料的实践和研究开发，与发达国家相比，显得有些后劲不足，缺乏可持续的动力。

图30. 埃姆斯戴腾的公共汽车站（详 p145）
图31. IBM 移动展厅（详 p64）
图32. 塑料洗手间（详 p179）

图33. 木棉花酒店改造工程（详 p154）
图34. 上海青浦体育馆训练馆改造（详 p89）
图35. 2010 上海世博会英国馆（详 p112）

PLASTIC PRODUCTS MANUFACTURING PROCESSES /
塑料制品的加工流程

Raw Material Preparation
原材料制备

许多合成塑料都来自石油、煤和天然气。石油在分馏塔中被分馏，根据分子大小不同、沸点的不同被分馏成燃料气（Fuelgas）、轻油（Naphtha）、煤油（Kerosene）、柴油（Diesel）、重油（Heavy oil）等。

塑料制品的加工制造主要由原材料制备和加工成型两部分组成。原材料制备一般分为三个步骤：原材料来源，从单体到聚合物，从聚合物到小颗粒；而塑料制品加工成型有多种不同的方式，如：注塑成型、挤出成型、发泡成型、吹塑成型、一次成型、二次成型、机械加工、粘合成型等，本书将对这些名词给出基本的解释。

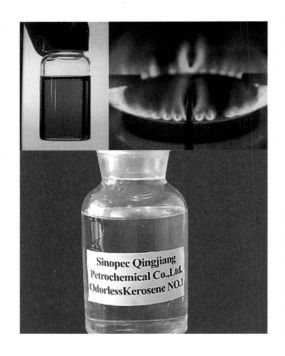

From Monomer to Polymer
从单体到聚合物

　　主要有两种将小分子变成大分子物质及合成树脂的合成流程，分别是加聚和缩聚，分别制成加聚物和缩聚物。

From Polymer to Granule
从聚合物到小颗粒

　　由于成型的化合物容易储藏、运输、使用和焊接，所以大部分聚合物的初级产品被制成颗粒状。制作方法是高分子化合物被挤压并通过一个多孔的筛子，形成许多股线状物，然后被放入一个水槽中急速冷却，这样就被制成几毫米的小颗粒。

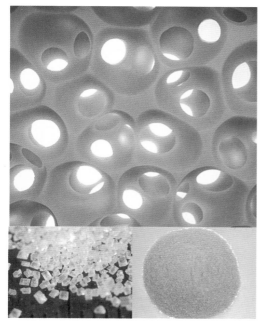

Injection Molding
注塑成型

塑料材料先在注射机的加热料桶中受热熔解，而后由往复式螺杆将熔体推挤到闭合模具的模腔中成型。注塑成型不仅可在高生产率下制得高精度、高质量的制品，而且可加工的塑料品种多样，产量大且用途广，主要用于家电、数码产品等领域。注塑是塑料加工中重要成型方法之一。

Extrusion Molding
挤出成型

塑料材料在挤出机中被加热、加压，以流动状态连续通过口模成型。挤出成型一般用于板材、管材、单丝、扁丝、薄膜、电线电缆的包覆等，其产品用途广、产量高，同样是塑料加工中重要成型方法之一。[6]

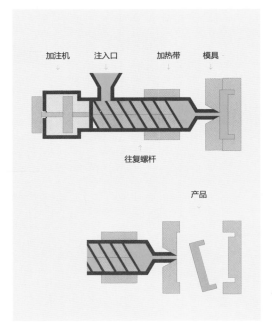

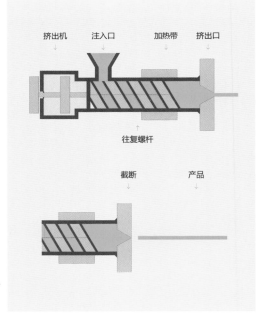

6.陈根.塑料之美 [M].北京:电子工业出版社,2010: 46

Foam Molding
发泡成型

在发泡材料中加入适当的发泡剂，根据使用与设计需要产生相应的气孔。发泡制品具有相对密度小、强度小、原料用量少以及隔音、隔热等优点，发泡材料有 PVC、PE 和 PS 等。

Blow Molding
吹塑成型

借助流体压力将闭合模中热塑性塑料型坯或片材吹成中空制品。用吹塑的方式产生的塑料容器，有各种瓶子、瓶盖以及各种形状的桶等。

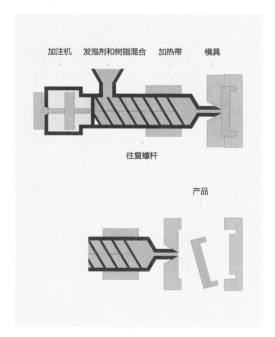

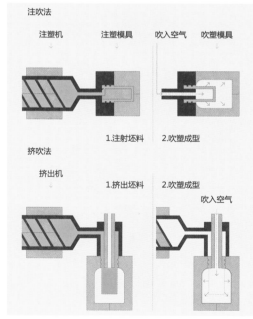

One-step Molding
一次成型

将粒料状、粉料状的聚合物或树脂加工成最终产品，或将其转换成便于挤出、注塑的坯料。

Second Molding
二次成型

通过热成型方法或者吹塑成型等工艺，将坯料或片状物料加工成最终产品。[7]

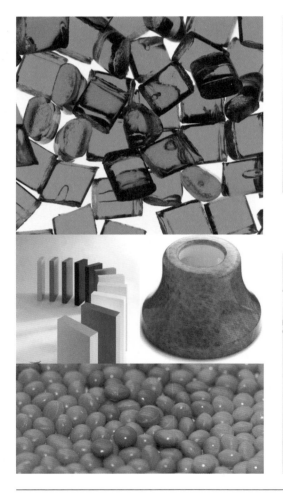

7. （德）奥斯瓦尔特·鲍尔·布林克曼，奥伯巴赫·施马赫腾贝格. 国际塑料手册 [M]. 北京：化学工业出版社，2010：142.

Machinery Processing
机械加工

常采用机械加工法，去除某些多余的物料。具体方法有冲压、激光及钻孔等。

Bonding Molding
黏合成型

把两个或两个以上的零件通过胶黏合或焊接工艺结合在一起。

PARAMETERS OF PLASTICS AS EXTERIOR MATERIALS / 作为外墙材料的塑料制品需要考虑的性能

目前在外墙使用的塑料制品主要有两大类。一类为板材或薄膜，材料本身加工和制作需要满足外墙材料的要求；另一类是将现成的塑料制品用在建筑外墙上，如瓶子、包装箱等，这类材料在制造时并未考虑作为外墙材料使用，因此不遵循通常的外墙材料要求。本节主要针对第一类材料，建筑师在选用第二类材料时可参照这些性能。

Weight
重量

与传统的砌体材料、金属板、混凝土、陶砖、木材、石材相比，塑料外墙材料普遍重量轻，强度高。这种优势不仅由于材料本身的物理特性（有些材料本身的比重比较大），还因为塑料制品本身的构造，比如波形板或中空板有机玻璃（PMMA）的容重是 1.19g/cm³，PC 的容重 1.2g/cm³，大概是玻璃容重的一半。更轻的外墙材料意味着更小的支撑结构，同时在运输和安装时更省力，更省钱。因此，梯形板、波形板和中空板是解决材料强度和重量问题的明智选择。

Statics
静力学

多孔中空板强度高、重量轻，但中空会加大材料的冷弯半径，降低材料的可加工性。塑料外墙一般比传统材料强度低，为了增强外墙板的强度，金属构件往往被放在中空的空隙中。比如 GRP 板材与铝框架黏合在一起形成增强复合外墙板。

Heat Insulation
隔热

由于塑料多孔中空板不能密封，而且排除空隙中的空气或者气体都不能解决根本问题，于是发展出了多重中空板，用来减少空气对流，其中空腔达五层的塑料板厚 40mm，其 u 值可达 1.2w/m^{2}k。在塑料板的加工过程中，可以选择性地把活性物质共挤到板的内外表面，这种活性物质在夏天可以反射太阳光中的红外线，而在冬天反射室内的热辐射。有一种多孔产品的两个表面各增加了一层膜，膜材由可回收的原材料或粒状气凝胶制成，最终 5mm 板 u 值可达 0.4w/m^{2}k。

Sound Insulation
隔声

隔声对于外墙材料来说是一个重要的指标，塑料制品在声反射和声吸收等方面有着优异的表现。高速公路隔声墙有许多就是用塑料制成的。"玻璃化转变温度低于室温的材料特别适用于作为隔声材料。"[8]

Weathering
耐候

耐候性是选择材料作为外墙材料的最为重要的指标。PMMA 是唯一不需要防护就可以耐候的材料，因此它常用来作为共挤层放在其他材料的表面作为保护层。许多材料都可在外表面附加保护层来提高材料的耐候性，防紫外线的 PC、聚氯乙烯 (PVC)、聚对苯二甲酸乙二醇酯 (PET)、聚对苯二甲酸乙二醇酯 -1,4- 环己烷二甲醇酯 (PET-G) 和 GRP 等产品都可以用在室外，并具有长达十年的保质期。

Optical Properties
光学特性

由于许多塑料有很好的光学性能，易成型

8.（德）奥斯瓦尔特·鲍尔·布林克曼，奥伯巴赫·施马赫腾贝格. 国际塑料手册 [M]. 北京：化学工业出版社，2010：141.

为任意形状，所以它们常被用于替代透明材料，如玻璃[9]。与玻璃相比，塑料抗冲击能力强，有些材料具有全波透射能力，而有些具有选择性透射能力，适用于多种场所。但塑料一般稳定性较差，表面硬度较低，因此不适合有精确光学要求的场合。

Fire Resistance Rating
防火等级

一般情况下 PVC、PET 和 PET-G 防火等级为 B1 级，属于难燃材料。PC、PMMA 和 GRP 防火等级为 B2 级，可燃。这些等级并不适用于所有的厚度和产品，必须根据具体情况而定。比如一些产品给 GRP 使用特殊的树脂，使其防火等级达到 B1 级。有些产品引入了阻燃剂，还有像 PC 多孔板那样依靠厚度，或者 PMMA 下拉式铸造实心板都可以提高防火等级。

Mechanical Stress
机械应力

PC 是最好的抗冲击材料，其次是 PET-G。但是改性的 PMMA 能够提高其抗冲击强度。PVC 板承受机械应力的水平低，但可以通过改性使其在有限的范围内增强抗冲击能力。特殊

的涂层可以增强 PC 板的抗刮能力。

Chemical Resistance
抗化学能力

用于外墙的塑料制品需要具有和清洁剂、油漆、胶、密封材料兼容的能力，在 PET 板上的涂鸦可以被不留痕迹地除掉，但不是所有的塑料都能够做到。

Temperature Range
温度范围

一般的塑料制品其正常使用的温度范围较普通传统建材如水泥、玻璃、钢、铝合金等低，因此在选材时，其正常工作的温度范围也是一个重要的技术指标。PC 产品的工作温度覆盖了较大的范围，从−40℃到120℃。PET-G 板同样在−40℃时有很好的抗冲击能力，但它不能长时间暴露在 65℃的环境下。PVC 在 65℃以上就会变软，PMMA 在高温时会破裂，因此它需要有较好的背部通风和浅色的背部支撑结构。

Machining
加工

大部分塑料制品都易于加工，一般的金工

9. (德) 奥斯瓦尔特·鲍尔·布林克曼, 奥伯巴赫·施马赫腾贝格. 国际塑料手册 [M]. 北京: 化学工业出版社, 2010: 131.

和木工工具都可以，软质材料像 PVC 或 PET 比较适于切割。所有的塑料中空板要在工厂对端部四周进行封闭,以便尽量减少吸水性和运输、安装过程中的损坏。这样切割和加工就不能在现场进行。

Installation
安装

大部分塑料制品线膨胀系数较大，长期在 50℃的温差下，会发生 3 ～ 5mm/ 延米的变化，因此在钻孔或设计夹具和边框时要留出适当的间隙来。对于所有的塑料很重要的一点是，它们可以进行弯曲，并且适用于多种胶。由于温度变形的缘故，安装螺栓需增加防噪音垫片。

Recycling
回收

一般用于外墙的塑料制品都具有良好的抗化学能力和耐候能力，因此在自然状态下不易降解，塑料回收要由专业公司进行，在选择材料时环保和可回收是一个需要认真考虑的因素。

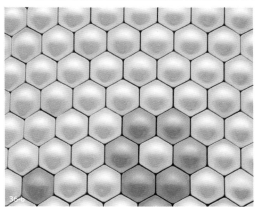

图 36 塑料在建筑外墙上的应用。(a) 蕊丝伦敦旗舰店和总部（详 p110）；(b) 2010 上海世博会信息通信馆（详 p93）；(c) 2010 上海世博会最佳实践馆中部展馆 B-3-2（详 p186）

ADVANTAGES AND DISADVANTAGES /
塑料在应用上的优缺点

Advantages
塑料外墙材料的优点

1. 大部分塑料的抗腐蚀能力强，不与酸、碱反应

2. 塑料制造成本低

3. 耐用、防水、质轻

4. 容易被塑造成不同形状

5. 是良好的绝缘体

Disadvantages
塑料外墙材料的缺点

1.回收利用废弃塑料时，分类十分困难，而且经济上不合算

2.塑料容易燃烧，燃烧时产生有毒气体

3.塑料主要是由石油炼制的产品制成的，石油资源是有限的

4.许多塑料产品不易腐烂、降解

5.塑料的耐热性能不高

REDESIGN PLASTIC IN EXTERIOR WALLS /
塑料外墙材料的再设计

生产厂家的标准半成品板材都为进一步改进其性能以满足特殊需要提供了可能，许多制品的特色是依靠对材料半成品进行技术上的改造，如荧光色、微微发亮的外涂层，或具有特殊表现力的波形中空板。通常特殊的需要能够创造出新产品，最终也可能变成系列产品。有许多方法可以在技术上优化塑料制品的半成品。

Cold Roll Forming
冷弯

许多塑料板材可以被冷弯，热成型或模压。根据材料的特性必须考虑其最小弯曲半径。PMMA 板（没有改性剂时）的最小弯曲半径是板厚的 330 倍，抗冲击能力更强的 PC 板是 150 倍，而 PET 板则是 120 倍。但对于 PET（没有改性剂时）必须考虑适当增加板的厚度，这是由于它在较低的工作温度以及在荷载下会产生徐变，因此为了获得与 PMMA 板或 PC 板相似的安全值，必须采取适当的措施。15mm 厚的 PC 板最小弯曲半径为 2.25m，如果要弯曲更小的半径则需要热弯。

Coextrution
共挤

共挤是一种塑料生产工艺，简单易行。数台挤出机分别供给不同的熔融流料，在一个复合机头内汇合共挤出，最终得到多层复合制品。这种工艺由于在多层材料复合时不需要粘合剂，许多塑料板材外侧需要复合各种功能的膜材都要采用这种技术，它可以使塑料外墙板具有各种优异的物理特性，或产生奇特的效果。比如在材料外附加防紫外线或红外线的反射膜。伦敦拉邦舞蹈中心（详 p78）的外墙是中空的 PC 板，由三层透明材料组成，在室内一侧共挤成白色、绿色、蓝色或红色的色彩层，用来获得半透明、色彩斑斓的外观效果。

Structuralization
结构化

材料深加工是为了增加强度和节约材料，经常会采用一些措施，如中空、波形、加肋达到上述目的。这些强化材料结构的措施还具有美学和其他功能，比如可以使本身透明的材料变成半透明的材料。由于这些强化结构的措施放在室外一侧会使清扫变得比较困难，因此这些结构化的措施往往被放在材料的中间，比如中空层的肋，或者将多层结构的波形板放在室内。它们除了具有半透明的美学功能外，还可以遮挡视线、柔光等。

Cast
铸塑

改性剂、稳定剂和彩色颜料可以铸在材料中，用来为材料改性和着色，这种着色工艺和共挤工艺所产生的外观会有不同。另外光伏电池可以铸在 PC、PMMA 板中，这样可以保护光伏电池不受气候和机械的损伤。

除了上述在生产过程中进行的二次设计外，还有一些方法是在半成品板材上进行二次深加工。

Coating
涂层

带有涂层的 PMMA 和 PC 多孔板被用在透明的温室中，涂层破坏了板的表面张力，并且阻止在表面形成水滴。所谓的无水滴或少水滴涂层是通过化学反应发挥作用的，它可以阻止室内出现露水，通过下雨来使表面自洁，并且干了以后不会留下斑点。

基于聚硅氧烷的双层膜用于实心 PC 板上，用来增加抗刮的能力，并增强耐磨性和抗化学腐蚀的能力。热变色涂层塑料可以使材料的颜色随温度变化。光变色涂层依据光密度改变颜色，比如由卡拉特拉瓦设计的 2004 年奥运项目的 PMMA 屋面，会随着阳光增强变成深色。

Printing
印刷

在塑料板材上可以印刷文字、图案，用于商品或展示建筑。一些印刷的塑料板甚至可以模压。建筑外墙经常使用的多孔中空板，可以在内侧进行印刷，亮度和色彩取决于印刷物。在达姆斯塔特（Darmstadt）车站果汁店的超大的色彩靓丽的水果图案外墙，甚至在背光的条件下也能看得很清楚。

Drawing
绘制

许多塑料板材均可以在表面绘制各种文字和图案。

Coating Film
使用薄膜

在塑料板表面附加一层特殊效果的薄膜，会使塑料外墙具有很好的视觉效果。它与共挤工艺不同，可以选择更多种类的膜材，比如通过微模板概念生产的微棱镜可以分散光和使光偏斜。光学多层薄膜可以产生一种变换的彩虹效果，并可以减少热的输入。

Padding
填充

由于许多塑料板材是多孔中空板，因此在其中填入特种材料或装饰材料，可以改变材料的特性，获得奇特的艺术效果。例如在中空板的空腔中填入气凝胶颗粒，传热系数会大大降低。伦敦的互联网咖啡店的立面中充入带颜色的水，而维也纳咖啡店的立面中则填入咖啡豆。

Multilayered Structure
多层结构

塑料可以与同类塑料、非同类塑料，或其他非塑料材料分层安装在外墙上，形成多层的复合外墙系统，以满足不同需求。其应用如在采光窗上可以做成双层结构，内侧采用抗冲击的 PC 板，外侧采用耐候的 PMMA 板；在鹿特丹市政公园（Rotterdam Municipal Park）中的临时儿童画廊（详p72），外墙是轻型木结构，透明的波形 PC 板在最外侧，内部的彩色效果是由可散射光的红色膜材形成的。

Free Form
自由形

塑料的一个重要特点是容易塑形，这一点在批量生产的板材中不易体现出来。一般的板材只能单向冷弯形成圆筒状，但塑料现在已经可以被准确地加工，实现过去长期只能在电脑屏幕上看到的复杂造型。

46-61

CLASSIFICATION AND PERFORMANCE
OF PLASTIC PRODUCTS IN EXTERIOR WALLS
外墙塑料制品分类及性能

本章对一些典型的、应用较广泛的材料，利用图表的方式对材料的特性和其他信息进行了简要的表达。虽然塑料制品种类繁多，产品丰富，但在建筑外墙上使用得不是很多，主要是板材和薄膜两大类。由于塑料制品在制造过程中可以添加多种改性剂，或者附加各种材质的薄膜和涂料，从而改善材料的特性，材料的表述只限于对材料基本性质的描述，不包括通过技术手段进行改性的材料。需特别注意，本书中提到的许多材料的弱点是可以通过材料的合成和深加工加以改善的。

PMMA

聚甲基丙烯酸甲酯
俗称：有机玻璃、亚克力、丙烯酸玻璃

PMMA 是开发较早的丙烯酸聚合物，无色透明。其透明度大大超过同厚度的玻璃，同时质轻强度高，不易破碎，并且可以制造厚达 330mm 的产品。PMMA 生产工艺成熟，建筑业常用产品为各种板材，但价格相对较高。

产品类型：	实心板、波形板
相对密度：	1.19 ～ 1.20，只相当于玻璃的一半，质轻
光学性能：	有极高的透明度，透射率 91% ～ 93%，可将全光谱的光透过，是做温室和光学设施的最佳材料
力学性能：	抗冲击强度高，是普通硅玻璃的 12～18 倍，机械强度和韧性是普通玻璃的 10 倍，硬度高，耐刮
耐候性：	耐候性和耐老化性好
耐腐蚀性：	好，耐一般化学腐蚀
耐热性：	挤塑板最高使用温度是 70℃，注塑板最高使用温度是 80℃，热变形是玻璃的 8.5 倍，固定时要有构造措施
燃烧性能：	易燃
加工性能：	可着色、复合薄膜、加涂层；可以冷弯，可以钉，在干燥的环境下易加工
环保性：	无味无臭，对人体无害，并易于回收

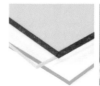

FRP

纤维增强塑料
俗称：玻璃钢

FRP 是一种以合成树脂为基体，以玻璃纤维等纤维为增强材料的复合材料。以玻璃纤维为增强材的塑料通常简称为 GRP。FRP 轻质高强且耐腐蚀，造型色彩多样。纤维种类已由玻纤扩大到碳纤维、硼纤维、芳纶纤维、氧化铝纤维和碳化硅纤维等。随树脂种类和纤维种类不同，物化性能可显著改善。

产品类型：	实心板、波形板／透明、半透明、不透明
相对密度：	1.5 ～ 2.0
光学性能：	初始透明度较好，但为保护玻纤减少暴露光照，一般做不透明或半透明化处理
力学性能：	机械强度高，拉伸强度可以超过碳素钢，刚性不足，易变形
耐候性：	差
耐腐蚀性：	好，对大气、水和一般浓度的酸、碱、盐和溶剂都有较好的抵抗能力
耐候性：	不能在高温下长期使用
燃烧性能：	不燃，B2 级
加工性能：	可根据需要，灵活地设计出各种形状的产品，可塑性好，同时可以改变基材和材质，设计出耐腐、耐高温等有特色的制品。成型工艺多样，可常温加工，工艺简单，一次成型，可在表面复合多种装饰层
环保性：	树脂为热固性塑料，因此无法再利用，最好的处理方式是热回收

PC

聚碳酸酯
俗称： 阳光板

PC 是一种强韧的热塑性树脂，具高强度及弹性系数、高冲击强度，使用温度范围广，具高度透明性及自由染色性，价格适中。建筑外墙应用方面发展迅速，中空和实心板材可自由染色也可以共挤彩色或 UV 膜。

产品类型：	实心板、波形板、空心板
相对密度：	1.18 ～ 1.22
光学性能：	透明度好，透明率可达 88%，光泽性好，并可自由染色
力学性能：	抗冲击强度高，是同厚度浮法玻璃的 250 倍，同条件下抗冲击力测试可达到 PMMA 的 30 ～ 40 倍。耐疲劳性好、尺寸稳定、蠕变也小（高温条件下也极少有变化）
耐候性：	好，但本身不耐紫外线，产品常外附 UV 膜
耐腐蚀性：	耐弱酸弱碱，耐中性油，但不耐强碱，易受某些有机溶剂的侵蚀
耐热性：	耐热性好，短期无荷载最高使用温度 150℃，长期使用温度 120℃
线膨胀系数：	小，尺寸稳定性好
燃烧性能：	不燃，B1 级或 B2 级（视成型方式），离火自熄
加工性能：	可注塑或挤塑加工，可自由染色、印刷，易回收，但耐磨损性较差
环保性：	无味无臭，对人体无害，并易于回收

PUR

聚氨酯

聚氨酯是一种性状多变的热固性塑料，产品从泡沫到弹性体变化众多，用途广泛。其发泡产品因具有良好的保温隔热能力而常被用作保温和填充材料。建筑领域常用聚氨酯泡沫材料、防水材料和油漆涂料，在建筑外墙上的应用近年有所尝试。

产品类型： PUR 发泡制品，有软质、硬质、半硬质、泡沫塑料。非发泡制品包括涂料、粘合剂、合成皮革、弹性体和弹性纤维

相对密度： 1.25

力学性能： 抗压强度较高，具有优异的耐磨性和力学性能

耐腐蚀性： 化学稳定性好，耐酸碱

耐热性： 使用温度高，一般可达 100℃，添加耐温辅料后，使用温度可达 120℃

燃烧性能： 发烟温度低，遇火时产生大量浓烟与有毒气体，不宜用作内保温材料

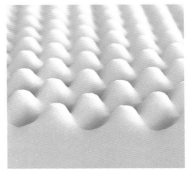

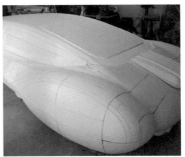

PET-G

聚对苯二甲酸乙二醇酯 乙二醇改性

PET-G 是一种透明塑料，具有突出的韧性和高抗冲击强度，其抗冲击强度是改性聚丙烯酸酯类的 3 ～ 10 倍，并具有很宽的加工范围，较高的机械强度和优异的柔性，比 PVC 透明度高，光泽好，容易印刷并具有环保优势。

产品类型：	板材、膜材、异型材（无色透明）
相对密度：	1.29 ～ 1.4
光学性能：	透明度高达 91% 以上，特别适宜成型厚壁透明制品
力学性能：	抗冲击性优异，其挤出的板材通常比通用 PMMA 坚韧 15 ～ 20 倍，比抗冲改性的 PMMA 坚韧 5 ～ 10 倍
耐候性：	优秀，可以防止变黄，冷弯曲不泛白，含有防紫外线吸收剂，可共挤成一保护层，保护了板材免受紫外线的有害影响
耐腐蚀性：	板材可以耐受多种化学品以及常用的清洁剂
燃烧性能：	板材阻燃良好，B1 级
加工性能：	极佳，能够按照设计者的意图进行任意形状的设计，二次加工性能优良，可以进行常规的机械加工修饰
环保性：	基材为环保材料，符合食品接触管理要求

PVC

聚氯乙烯

在建筑领域 PVC 常用作多层复合膜的涂层材料，PVC 膜是三大常用复合膜材之一（其他为 PTFE 复合膜和硅涂层复合膜）。复合膜用玻纤或其他纤维织物为基层，可直接作为结构膜材。在各类复合膜中 PVC 膜材价格较低，最为普及，但耐候性和耐久性一般。

产品类型：复合膜材、板材、本色为微黄色半透明状。PVC 可分为软 PVC 和硬 PVC，但由于软 PVC 内有柔软剂易变脆，不易保存

相对密度：0.918

光学性能：膜材为白色，透光率低，约 4%

力学性能：力学性能较好，强度、刚度和硬度都较高，耐磨，但抗冲击性强度低

耐腐蚀性：好，化学稳定性高，除少数有机溶剂外，常温下可耐任何浓度的盐酸，90% 以下的硫酸，50%～60% 的硝酸及 20% 以下的烧碱，对于盐类亦相当稳定

耐候性：工作温度 −15℃～60℃，热稳定性和耐光性较差，易分解

线膨胀系数：小，尺寸稳定性好

燃烧性能：阻燃、自熄，膜材可达 B1

加工性能：加工容易，切断、焊接、弯曲均极容易，可粘接、油漆。膜材白色，可按需要着色，且可选色较多

环保性：PVC 内的一些添加剂有毒，对人和环境影响较大

PS

聚苯乙烯
俗称：泡沫塑料

PS 价格低廉且易于加工成型。建筑上常利用其极好的保温性和不吸水性，发泡后用作外墙保温材料；发泡后的聚苯乙烯通称为可发性聚苯乙烯，简称 EPS，也即俗称的泡沫塑料。

产品类型： 普通聚苯乙烯为无色透明的玻璃脆性

材料；PS 板材不适于室外使用；

可发性聚苯乙烯，常为板材或块材

相对密度： 1.05

光学性能： 透明度极高，透光率约 88% ～ 92%

力学性能： 脆性材料，抗冲击强度低，易出现应力

裂变，硬度高，耐刮

耐腐蚀性： 耐化学腐蚀（但化学稳定性比较差）、

紫外光照射后易变色

耐热性： 不耐沸水，最高工作温度 70℃～ 85℃

线膨胀系数： 几何稳定性好

燃烧性能： 易燃，燃烧时放出有毒气体

加工性能： 易着色、印刷、加工，缺点是耐热性差、

性脆易裂

环保性： 发泡 PS 使用环保型原料，不产生有害

气体，没有废水产生，但不容易循环再生，

且很难生物降解

PE

聚乙烯

PE 为结晶型热塑性树脂，分为高密度、低密度、线性低密度等若干类型，性质因分子结构和密度而异。聚乙烯是一种应用极广泛的通用型塑料，用途主要为各类薄膜、包装材料、容器、线缆等，由于在室外应用时易老化、变脆（常需进行改性，PVC 即为改性之一），因此在建筑外墙上，常用于临时或小型建筑。

产品类型：是一种不透明白色蜡状材料

相对密度：0.944 ～ 0.965

光学性能：不透明

力学性能：柔软而且有韧性，具有极好的抗冲击性，在常温甚至在－60℃低温下均如此，表面硬度低，易刮伤

耐候性：对环境应力敏感，易老化，易发脆

耐腐蚀性：化学稳定性好，能耐大多数酸碱（不耐具有氧化性质的酸），耐大多数化学用品

耐热性：最高使用温度 65℃

线膨胀系数：大，几何稳定性差

燃烧性能：易燃，离火后能继续燃烧

加工性能：易于用大多数工具加工，可吹塑、挤出、注射成型

环保性：无毒、无臭，易于回收

ABS

丙烯腈 - 丁二烯 - 苯乙烯塑料，通用型热塑性塑料
俗称：工程塑料

ABS 是一种强度高、韧性好、易于加工成型的热塑型高分子材料。保留了苯乙烯的优良电性能和易加工成型性，又增加了弹性、强度（丁二烯）、耐热和耐腐蚀性（丙烯腈），且表面硬度高、耐化学性好，因此在工业上具有广泛用途。

产品类型：	板材
相对密度：	1.05
光学性能：	不透明呈象牙色
力学性能：	具有优良的力学性能,其抗冲击强度极好,可以在极低的温度下使用，硬度高，耐磨
耐候性：	耐候性差，在紫外线的作用下易产生降解
线膨胀系数：	小，尺寸稳定性好
燃烧性能：	易燃
加工性能：	易加工，表面光泽性好，容易涂装、着色，还可以进行表面喷镀金属、电镀、焊接、热压和粘接等二次加工

PP

聚丙烯

PP 是无毒、无味的热塑性塑料，是一种应用非常广泛的通用型塑料。因密度小而被认为是最轻的塑料之一，PP 比 PE 更坚硬并且有更高的熔点，力学性能也更突出。但易老化，着色性不佳，因此工业制品领域多对其进行针对性的改性。

产品类型：	热塑性树脂，白色，半透明
相对密度：	0.905
光学性能：	低透明性
力学性能：	有一定的抗冲击强度，表面硬度高，耐刮
耐腐蚀性：	抗酸碱腐蚀，抗溶解性好，具有很好的耐化学性
耐候性：	最高使用温度 80℃
线膨胀系数：	线膨胀系数大，尺寸稳定性差
燃烧性能：	易燃
加工性能：	易于用大多数工具加工，可吹塑、挤出、注射成型，但着色性、染色性、印刷性不好
环保性：	质地纯净，无毒，可回收

ETFE

乙烯 - 四氟乙烯共聚物

ETFE 作为新型膜材的代表，近年被大量应用于建筑的屋顶和外墙。与 PVC 或 PTFE 等多层复合膜不同，ETFE 是不含织物的单一聚酯薄膜，其最大的优势是透光率高。但由于强度较低，不能单独作为结构膜材而常被应用于充气枕结构，且价格较高。

产品类型：	薄膜
相对密度：	1.519
光学性能：	高透光率，透光率高达 95%，不阻挡紫外线
力学性能：	是一种坚韧的材料，各种机械性能达到好的平衡——抗撕拉极强，抗张强度高、中等硬度，出色的抗冲击能力，伸缩寿命长
耐热性：	最高使用温度 80℃
线膨胀系数：	线膨胀系接近碳钢，成为和金属的理想复合材料
燃烧性能：	易燃，会产生有害的燃烧物，自熄、B1 级别
加工性能：	透明白色或蓝色，可着色、印刷图案，可制成不透明或半透明
环保性：	可循环利用

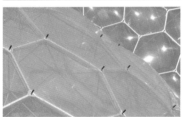

EPDM

三元乙丙橡胶

EPDM 橡胶是乙烯、丙烯以及非共轭二烯烃的三元共聚物，最主要的特性就是其优越的耐氧化、抗臭氧和抗侵蚀的能力，并具有极好的硫化特性。

产品类型：	卷材，条
相对密度：	0.87
力学性能：	有弹性、耐磨
耐候性：	耐老化、耐候
耐腐蚀性：	化学稳定性好，但耐油性较差，有优异的耐水蒸汽性
加工性能：	可剪裁、粘接、热融

PTFE

聚四氟乙烯
俗称：特氟龙 (Teflon)

在建筑领域 PTFE 最主要的应用是做为多层复合膜的涂层材料，PTFE 膜是三大常用复合膜材之一（其他为 PVC 复合膜和硅橡胶复合膜）。与其他复合结构膜材相比，PTFE 膜材的抗拉强度、透光率、耐久力等性能更好，但 PTFE 只能与比自己熔点高的纤维（如玻纤）结合，且价格稍高。

产品类型：	外墙领域常用作复合膜材的涂层
相对密度：	2.1 ～ 2.3
光学性能：	膜材白色半透明，透光率 10% ～ 50%
力学性能：	PTFE 复合膜材强度高，拉伸强度可达钢材水平；且弹性模量低，利于形成复杂曲面造型
耐候性：	耐候性很好，耐辐照，渗透性低，长期暴露于大气中，表面及性能可保持不变
耐腐蚀性：	PTFE 塑料耐腐蚀性极好，不溶于强酸、强碱和有机溶剂
耐热性：	PTFE 塑料耐热性能非常好，工作温度高达 250℃
线膨胀系数：	比多数塑料大，且随温度变化会发生不规律的变化
燃烧性能：	不燃，复合膜材可达 B1 级以上
加工性能：	PTFE 不能用常规热塑性塑料的加工方法而有独特的加工工艺。包括模压、压延、等压、层压、复合喷涂、真空或热吹塑成型等，白色，可着色，但可选色有限
环保性：	无毒无害

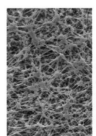

SILICON

硅树脂
别称：有机硅或硅橡胶

在外墙领域硅树脂主要被用作多层复合膜的涂层材料，硅涂层膜是三大常用复合膜材之一（其他为 PVC 复合膜和 PTFE 复合膜）。硅涂层膜材的抗拉强度、透光率、耐久力等性能比 PVC 膜更好，机械性能与 PTFE 膜相当，比 PTFE 膜透光率更高，且价格合理。但之前存在些许不足并且生产厂家较少，近年已得到改善。

产品类型：建筑外墙领域常用作复合膜材的涂层。
硅树脂本身常做为胶粘剂、绝缘材料和漆膜涂料

相对密度：随具体成分而不同，膜材密度与 PTFE 膜基本相同

光学性能：膜材白色半透明，透光率 15% ～ 50%

力学性能：硅涂层复合膜材强度高，机械性能接近 PTFE 膜材

耐候性：膜材耐高低温、拒水性能优秀，抗氧化性好

耐热性：硅树脂是一种热固性塑料，具有优异的热氧化稳定性

燃烧性能：不燃，复合膜材可达 B1 级以上

线膨胀系数：线膨胀系数大，尺寸稳定性差

加工性能：硅树脂涂层膜一般采用玻纤增强，原先的硅树脂涂层膜在静电下容易不稳定，并有易附着灰尘的缺点。而且，膜材之间不能热熔焊接，连接需要使用胶粘剂。但近年防尘和粘接技术都有大幅改进，为应用提供了广阔前景。

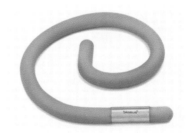

62-191

BUILDING CASES INDEX

建筑实例索引

IBM TRAVELING EXHIBITION PAVILLION
IBM 移动展厅

建造年代：1984
地点：欧洲多城市
建筑师：伦佐·皮亚诺（Renzo Piano）
合成材料（产品）：透明聚碳酸脂平板 立体单元
相关网站：www.rpbw.com
邮箱：contact@fondazionerenzopiano.org

伦佐·皮亚诺 1984 年设计的 IBM 展厅是一个很棒的组合结构，由透明的聚碳酸酯单元，木质拱形结构以及金属连接件组成。

RICOLA EUROPE FACTORY AND STORAGE BUILDING
利口乐欧洲工厂和仓库

建造年代：1992

地点：法国 米卢斯（Mulhouse）

建筑师：赫尔佐格和德梅隆，巴塞尔（Herzog & de Meuron, Basel）

合成材料（产品）：半透明灰色聚碳酸酯空心板 印刷图案

相关网站：www.herzogdemeuron.com

邮箱：info@herzogdemeuron.com

PC

1992 年建造的利口乐工厂具有独特的外观。用丝网印刷，在聚碳酸酯外墙上印有重复的植物图案（原型为卡尔·布洛斯菲尔特的照片），不仅减少了白天透射的阳光，还丰富了聚碳酸酯外墙的形象。

LATAPIE HOUSE
LATAPIE 住宅改造

<u>建造年代</u>: 1993
<u>地点</u>: 法国 弗卢瓦拉克（Floirac）
<u>建筑师</u>: 安妮·拉卡顿和让·菲利普·瓦萨尔，巴黎
（Anne Lacaton & Jean Philippe Vassal, Paris）
<u>合成材料（产品）</u>: 透明聚碳酸酯波纹板
<u>相关网站</u>: www.lacatonvassal.com
<u>邮箱</u>: mail@lacatonvassal.com

一座低成本的住宅改造，供一对夫妇和两个孩子使用。临街的一侧采用不透明水泥波纹板，面向内院的一侧采用透明的聚碳酸酯波纹板。

DAY CARE CENTRE, BÈGLES
贝格勒日间诊疗所

PC

建造年代: 1994
地点: 法国 波尔多 (Bordeaux)
建筑师: 安妮·拉卡顿和让·菲利普·瓦萨尔,巴黎
(Anne Lacaton & Jean Philippe Vassal, Paris)
合成材料 (产品): 透明聚碳酸酯波纹板
相关网站: www.lacatonvassal.com
邮箱: mail@lacatonvassal.com

一座为 18 ～ 25 岁年轻人提供的新型诊疗中心。建筑的大屋顶下的透明外墙为内部公共空间提供了通透的向外视野,阳光在墙面上洒下变化,描绘出一个可与外界交流又能安静修养的环境。

PC

PATHÉ CINEMA
帕泰电影院

<u>建造年代</u>：1995
<u>地点</u>：荷兰 鹿特丹
<u>建筑师</u>：科恩·范·威尔森（Koen Van Velsen）
<u>合成材料（产品）</u>：半透明聚碳酸酯波纹板
<u>相关网站</u>：www.koenvanvelsen.com
<u>邮箱</u>：mail@koenvanvelsen.com

巨大的波纹聚碳酸酯板与钢结构外墙形
成了一个独立于内部的结构。白天看上
去像一个实体，夜晚灯光绚烂，富有节
日气氛。

MUSEUM AND COMMUNITY CENTRE IN A TOWNSHIP OF JOHANNESBURG
亚历山德拉遗迹中心

PC

建造年代: 2000
地点: 南非·约翰内斯堡（Johannesburg）
建筑师: 皮特·里奇事务所（Peter Rich Architects）
合成材料（产品）: 半透明聚碳酸酯波纹板
相关网站: www.peterricharchitects.co.za

这座新的社区中心尽管建造得单纯而粗犷，但其建造过程却显示了建筑设计完全可以与贫困人群有所互动，这在当地是一种社会进步。建筑立面是用多种材料拼贴出来的，以体现出丰富多彩的社区生活与空间内在的有序性之间的对比，所用材料包括粘土砖、钢型材以及聚碳酸酯板等等，以至于当地人称之为"爵士乐建筑"

PC

GORDILLO STUDIO IN MADRID
高迪洛位于马德里的工作室

<u>建造年代</u>：2000
<u>地点</u>：西班牙 马德里
<u>建筑师</u>：阿拉洛斯和埃雷罗斯事务所，马德里（Alalos & Herreros, Madrid）
<u>合成材料（产品）</u>：半透明白色聚碳酸酯波纹板
<u>相关网站</u>：www.herrerosarquitectos.com
<u>邮箱</u>：estudio@herrerosarquitectos.com

为艺术家高迪洛（Gordillo）在马德里设计的工作室，场地地形有起伏，建筑半埋于地下，临街的立面露出地面，通过聚碳酸酯板外墙获得柔和的天光。

RUFFI SPORT COMPLEX
RUFFI 综合体育馆

<u>建造年代</u>：2001
<u>地点</u>：法国 马赛
<u>建筑师</u>：雷米·马西亚诺（Remy Marciano）
<u>合成材料（产品）</u>：半透明聚碳酸酯空心板
<u>相关网站</u>：www.remy-marciano.com
<u>邮箱</u>：agence@remy-marciano.com
<u>图片提供</u>：Rémy MARCIANO

PC

建筑下部为坚实的混凝土，如同从地面升起一个石头底座，而上部漂浮着轻盈开放的灯箱。聚碳酸酯板围合的上部结构空间，既从外部勾勒出令人印象深刻的轮廓，又从内部获得了完美的顶部开放感。

PC

CHILDREN'S HALL OF ART IN ROTTERDAM
"斑马屋"儿童艺术宫

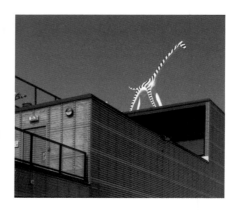

<u>建造年代</u>: 2001
<u>地点</u>: 荷兰 鹿特丹
<u>建筑师</u>: XX 事务所，代尔夫特（XX Architects, Delft）
<u>合成材料（产品）</u>: 透明聚碳酸酯波纹板
<u>相关网站</u>: www.xxarchitecten.nl
<u>邮箱</u>: xx@xxarchitecten.nl

建成后，"斑马屋"可供孩子们涂鸦、手
工、烹饪、演出以及操作电脑。建筑长
78m，通往屋顶的宽台阶可用来休息。立
面采用波纹聚碳酸酯板背衬紫红色膜。它
们使建筑变得非物质化了，并在白天和夜
间呈现不同的形态。白天天光可进入室内，
在石膏墙上投下温暖的色调。

UNIVERSITY INSTITUTE IN GRENOBLE
格勒诺布尔的大学研究所

建造年代： 2001
地点： 法国 格勒诺布尔（Grenoble）
建筑师： 安妮·拉卡顿和让·菲利普·瓦萨尔，巴黎
（Anne Lacaton & Jean Philippe Vassal, Paris）
合成材料（产品）： 透明聚碳酸酯波纹板
相关网站： www.lacatonvassal.com
邮箱： mail@lacatonvassal.com

PC

透明聚碳酸酯波纹板与玻璃幕墙之间形成一个温室空间，南侧的温室种植花卉植物，北侧种植不同种类的竹子，使内部的教学活动在不同植物的背景中进行。

PC

KAUFMANN HOLZ AG DISTRIBUTION CENTRE IN BOBINGEN
博宾根考夫曼霍兹公司货物储运中心

建造年代：2001
地点：德国 博宾根（Bobingen）
建筑师：弗洛里安·纳格勒（Florian Nagler）
合成材料（产品）：半透明聚碳酸脂空心板
相关网站：www.nagler-architekten.de
邮箱：info@nagler-architekten.de

耐冲击、 通高的聚碳酸酯薄板透明外墙
使工厂仓库内部和生产过程中的工人、
生产阶段、 材料、 施工均可从外看见，
同时也让周围环境与内部大厅紧密相连。

BOULE CENTRE IN THE HAGUE
海牙滚球游戏俱乐部

建造年代：2002
地点：荷兰 海牙
建筑师：阿科尼克事务所，鹿特丹（Arconiko, Architekten, Rotterdam）
合成材料（产品）：半透明聚碳酸酯波纹板
相关网站：www.arconiko.com
邮箱：arconiko@arconiko.com

滚球是当地特有的娱乐活动，建筑由一系列细长的预制支撑体支撑，室内被中央的天窗划分为两个大空间，由天窗和两端立面采光，天窗和外墙均采用聚碳酸酯板，透进的光线柔和自然，透明和半透明优雅地形成室内外的过渡。

PC

ENZIMI, ROMA, ITALY
恩济米艺术节

建造年代: 2003
地点: 意大利 罗马
建筑师: 阿奇亚事务所（Archea Associati）
合成材料（产品）: 半透明白色聚碳酸酯平板
相关网站: www.archea.it
邮箱: staff@archea.it

2003 年恩济米艺术节通过再现阿拉伯城市的大型露天市场，将信息展示和供舞蹈、音乐、摄像、游戏、休闲娱乐的功能区统一到一个铝质的平台上。平台上放置着大小不同的正方体构件，它们由金属框架和全封闭的半透明的聚碳酸酯板构成。这些正方体在白天是乳白色的盒子，而在夜晚就像会发光的灯柱一样。

TU SUPERMARKET WITH MULTIPLEX CINEMA IN NOVO MESTO
新梅斯托 TU 超市及影院

PC

建造年代： 2003
地点： 斯洛文尼亚 新梅斯托（Novo Mesto）
建筑师： 亚内兹·科泽尔，何塞·佳奇，阿赫（Janez Kozelj, Joze Jaki, Arhé）
合成材料（产品）： 半透明多色聚碳酸酯空心板
相关网站： www.ljubljana.si
邮箱： janez.kozelj@ljubljana.si

斯洛文尼亚东南部历史悠久的新梅斯托镇坐落于克卡河谷。位于城市中心区与郊外新开发的连片住宅区之间的多功能综合体在四个不同大小、不同功能的方形体量上采用了互不相同的鲜明色彩，成为当地易于识别的标志。

PC

LABAN CENTRE IN LONDON
拉邦舞蹈中心

<u>建造年代</u>：2003
<u>地点</u>：英国 伦敦
<u>建筑师</u>：赫尔佐格和德梅隆，巴塞尔（Herzog & de Meuron, Basel）
<u>合成材料（产品）</u>：半透明聚碳酸酯空心板，背侧共挤彩色面
<u>相关网站</u>：www.herzogdemeuron.com
<u>邮箱</u>：info@herzogdemeuron.com

双层立面的外层安装彩色半透明聚碳酸酯板，能起到防眩光和热辐射的作用。不同颜色的运用确立了建筑内外的韵律和方向感。

PEABODY HOUSING
皮博迪住宅

建造年代：2004
地点：英国 伦敦
建筑师：尼尔·麦克劳林事务所（Niall McLaughlin Architects）
合成材料（产品）：条带形聚碳酸酯空心板
相关网站：www.niallmclaughlin.com
邮箱：info@niallmclaughlin.com

PC

建筑在南立面的不透明外墙上设置了一种多层构造，在阳光下立面会产生出条形的模糊的彩虹效果。多层构造的材料为：中间层为 6mm 厚贴附有彩虹膜的条带形聚碳酸酯空心板；内侧为贴附条形彩虹膜的白色粉末喷涂铝背板；外侧为 6mm 厚附有 UV 涂层的硬质毛玻璃。

SURUGA KINDERGARTEN
骏河幼儿园

建造年代： 2005

地点： 日本 静冈县

建筑师： 坂牛卓和木岛千嘉，OFDA 事务所（Taku,
Sakaushi + Chika, Kijima, OFDA）

合成材料（产品）： 半透明聚碳酸酯空心板

相关网站： www.ofda.jp

邮箱： sakaushi@ofda.jp

幼儿园在两栋现有设施之间加建，一条半
透明并开洞的走廊串联起全部功能。这条
走廊安装了聚碳酸酯空心板，从而给儿童
留下充满趣味和阳光的印象。

SPORT COURT IN SARCELLES
某学校体育场

<u>建造年代</u>: 2005
<u>地点</u>: 法国 萨尔塞勒〔Sarcelles〕
<u>建筑师</u>: ECDM 事务所〔ECDM〕
<u>合成材料（产品）</u>: 半透明聚碳酸酯空心板
<u>相关网站</u>: www.ecdm.fr
<u>邮箱</u>: contact@ecdm.fr

PC

建筑外表皮采用夹层框架结构，外部用半透明的聚碳酸酯挤塑板覆盖，将黄色通透的光感一直延伸到地面。

PC

LIMOGES CONCERT HALL
利默日音乐厅

建造年代： 2007
地点： 法国 利默日（Limoges）
建筑师： 伯纳德·屈米事务所（Bernard Tschumi
Architects）
合成材料（产品）： 半透明弧形聚碳酸酯空心板
相关网站： www.tschumi.com
邮箱： btua@tschumi.com

音乐厅体现了两层包裹的概念：内层为松
木覆盖的混凝土结构音乐厅，体型和材料
起到声学作用；外层为弧形木框架，覆以
精确的聚碳酸酯板，使白天进入的光和夜
晚透出的光均匀柔和。

TRADE-FAIR HALL IN PARIS
巴黎的贸易中心

建造年代： 2007
地点： 法国 巴黎
建筑师： 安妮·拉卡顿和让·菲利普·瓦萨尔，巴黎
（Anne Lacaton & Jean Philippe Vassal, Paris）
合成材料（产品）： 透明聚碳酸酯波纹板，双层外墙
相关网站： www.lacatonvassal.com
邮箱： mail@lacatonvassal.com

建筑位于巴黎北部，是一座占地 30 万平方米的贸易中心，可定期举办交易会和展览集会。波纹聚碳酸酯板双层外墙 距离两米，为建筑带来采光和通风。双层外墙之间放置绿色攀援植物，成为室内和室外之间的过渡地带。

PC

RESIDENCE IN SANTIAGO DE CHILE
圣地亚哥住宅

建造年代：2007
地点：智利 圣地亚哥
建筑师：FAR 建筑事务所（FAR frohn & rojas,
Cologne / Santiago de Chile Marc Frohn, Mario
Rojas Toledo）
合成材料（产品）：半透明聚碳酸酯空心板
相关网站：www.f-a-r.net
邮箱：santiago@f-a-r.net

该建筑也被称为墙住宅（Wall House），是位于智利圣地亚哥郊区的低造价住宅。建筑周边景观环境良好。采用多种合成材料作为外围护结构，其中外墙为聚碳酸酯板，内部采用胶合板和层压板作为建筑框架，建筑和环境间用织入铝条的高分子合成织物帐篷，形成过渡空间。

ALPHA BETA DORMITORY
ALPHA BETA 学生公寓

PC

<u>建造年代</u>：2007
<u>地点</u>：丹麦 维堡（Viborg）
<u>建筑师</u>：阿基特玛事务所（Arkitema）
<u>合成材料（产品）</u>：半透明多色聚碳酸酯空心板
<u>相关网站</u>：www.arkitema.dk
<u>邮箱</u>：info@arkitema.dk

两座学生公寓是当地未来的大型教育社区的一部分。外墙使用了 RODECA 生产的彩色聚碳酸酯板。两栋建筑分别使用了橙、黄的装饰底色，外部交替使用蓝绿色和无色半透明板材，并在外墙上直接绘制文字，使建筑立面色彩丰富，充满活力。

PC

NEW OLYMPIC SKI JUMP IN GARMISCH-PARTENKIRCHEN, GERMANY
加米施 - 帕滕基新奥林匹克跳台滑雪场

建造年代: 2008
地点: 德国 加米施 - 帕滕基新 (Garmisch-Partenkirchen)
建筑师: 罗恩哈特和迈尔 BDA 建筑和景观事务所 (loenhart & mayr BDA architekten und landschafts architekten)
合成材料 (产品): 半透明聚碳酸酯空心板
相关网站: www.terrain.de
邮箱: info@terrain.de

半透明聚碳酸酯板包裹着陡峭俊逸的助滑道，在白天和夜晚呈现出美妙且不同的景象。

OPERATIONS BUILDING IN FRUTIGEN
弗鲁蒂根的操作间

建造年代：2008
地点：瑞士 伯尔尼（Bern）
建筑师：穆勒和图尼格事务所，苏黎世（Muller & Truniger Architekten, Zurich）
合成材料（产品）：半透明聚碳酸酯空心板
相关网站：www.muellertruniger.ch
邮箱：mail@muellertruniger.ch

位于瑞士伯尔尼州弗鲁蒂根市的新建铁路隧道旁边，有两座相似的建筑。它们是以前修建隧道时的材料车间，现作为铁路操作间、检修间以及消防站使用。内部采用连续的大跨度木结构 A 形支撑，外墙用聚碳酸酯板包裹。建筑在白天呈现为灰蓝色的简洁形态，而夜晚由于内部光照而变成巨大的黄色灯具，内部结构也随之显现。

HOUSE C16 H14 O3
C16 H14 O3 住宅

建造年代： 2008
地点： 巴西 圣保罗
建筑师： 马西奥·科甘事务所（Marcio Kogan
Carolina Castroviejo）
合成材料（产品）： 透明聚碳酸酯空心板
相关网站： www.marciokogan.com.br
邮箱： info@studiomk27.com.br

在建筑的一端采用聚碳酸酯板包裹楼梯间的侧面和顶部，成为建筑的形象标识。

RENOVATION OF QINGPU STADIUM AND TRAINING HALL IN SHANGHAI
上海青浦体育馆训练馆改造

PC

建造年代： 2008

地点： 中国 上海

建筑师： 北京市建筑设计研究院有限公司 胡越工作室
（Huyue Studio）

合成材料（产品）： 白色聚碳酸脂实心板，弯曲后
横纵编织

相关网站： www.huyuestudio.com

邮箱： Huyuestudio@vip.sina.com

图片提供： 胡越工作室

本项目是一个旧建筑改造项目，原有建筑设施破旧，建筑立面造型存在较大缺陷，不能满足快速发展的城市的要求。改建建筑采用独创的聚碳酸脂板编织外墙，不仅保证了建筑内部的自然采光效果，而且创造了独具一格的建筑形象。

PC

NANTES SCHOOL OF ARCHITECTURE
南特建筑学院

<u>建造年代</u>: 2009
<u>地点</u>: 法国 南特（Nantes）
<u>建筑师</u>: 安妮·拉卡顿和让·菲利普·瓦萨尔，巴黎
（Anne Lacaton & Jean Philippe Vassal, Paris）
<u>合成材料（产品）</u>: 透明聚碳酸酯波纹板
<u>相关网站</u>: www.lacatonvassal.com
<u>邮箱</u>: presse@lacatonvassal.com

为了控制能耗，该建筑以两种立面的形式围合成两种不同采暖气候需求的空间。塑料立面所围合成的是采暖要求不高的活动空间，而玻璃幕墙则围合成采暖要求较高的封闭区域。

HOUSE IN ZELLERNDORF
ZELLERNDORF 家庭别墅

建造年代： 2009

地点： 奥地利 采勒恩多夫（Zellerndorf）

建筑师： 弗朗茨事务所（Franz Architekten）

合成材料（产品）： 半透明聚碳酸酯波纹板，表面有蜂巢状凸起

相关网站： www.franz-architekten.at

邮箱： office@franz-architekten.at

图片提供： Franz Architekten

PC

建筑表皮覆盖一种半透明波纹聚碳酸酯薄片，其表面蜂巢状的结构可以将表面的光线匀质分散，而后面的黑色覆膜更能强化其立面效果。

PC

SHANGHAI CORPORATE PAVILION, SHANGHAI EXPO 2010
2010 上海世博会上海企业联合馆

建造年代：2010
地点：中国 上海
建筑师：非常建筑（Atelier FCJZ）
合成材料（产品）：透明聚碳酸酯管
相关网站：www.fcjz.com
邮箱：fcjz@fcjz.com

外围立面采用透明聚碳酸酯塑料管，将各种技术设备管线容纳其中，共同构成建筑虚幻隐约的外立面。塑料管有利于展会后的回收和再利用。

COMMUNICATION PAVILION, SHANGHAI EXPO 2010
2010 上海世博会信息通信馆

建造年代: 2009
地点: 中国 上海
建筑师: 上海现代建筑设计集团华东建筑设计研究院有限公司
合成材料（产品）: 半透明白色聚碳酸酯异形板块
相关网站: www.ecadi.com
邮箱: info@ecadi.com

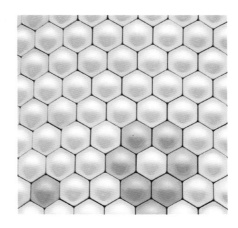

PC

从回收旧光盘中提炼的聚碳酸酯颗粒制成的蜂巢状正六边形预制标准外墙单元板块，6 400 块单元板块统一为两种规格，易于拆除，可回收利用。

PC

GEMAN-CHINESE HOUSE, SHANGHAI EXPO 2010
2010 上海世博会 "德中同行之家"

<u>建造年代</u>: 2010
<u>地点</u>: 中国 上海
<u>建筑师</u>: 马库斯·海因斯多夫（Markus Heinsdorff）
<u>合成材料（产品）</u>: 透明聚碳酸酯实心板
<u>相关网站</u>: www.heinsdorff.de
<u>邮箱</u>: markus@heinsdorff.de

建筑最大的亮点在于竹结构，由 8m 长巨龙竹通过钢节点支撑。屋面面层覆盖聚氯乙烯膜，外墙及二层内墙使用了透明聚碳酸酯面板，外墙内侧另设了部分白色 ETFE 膜材遮阳。

TEMPORARY MARKET HALLS IN MADRID
马德里临时市场大厅

建造年代： 2011
地点： 西班牙 马德里
建筑师： 涅托·索比亚诺事务所（Nieto Sobejano Arquitectos）
合成材料（产品）： 半透明白色聚碳酸酯空心板
相关网站： www.nietosobejano.com
邮箱： nietosobejano@nietosobejano.com
图片提供： ROLAND HALBE PHOTOGRAPHY

临时市场坐落于马德里市中心，共有六个光闪闪的用白色聚碳酸酯板包裹的体块。建筑用地正在进行更新，原先的老旧建筑已经被清除，未来将建造一座集图书馆、商业、市场、运动中心为一体的综合体建筑，而聚碳酸酯外墙的轻型建筑非常适合作为更新期间的临时过渡。

PC
FRIEZE ART FAIR
斐列兹艺术博览会

建造年代：2011
地点：英国 伦敦
建筑师：卡莫迪和格罗尔克事务所（Carmody Groarke）
合成材料（产品）：半透明聚碳酸酯中空心板
相关网站：www.carmodygroarke.com
邮箱：studio@carmodygroarke.com
图片提供：Christian Richters

位于伦敦摄政公园的斐列兹艺术博览会于每年秋季开始，是一个艺术家、评论家、游客交流交易的平台，有大量互动活动。2011 年的会场在大型临时帐篷外增建了一系列半透明的连通游廊展厅，提供了比帐篷内更优质的展览空间。

HOUSE IN YAMASAKI
山崎之家

PC

建造年代: 2012
地点: 日本 山崎町
建筑师: 岛田阳建筑设计事务所（Tato Architects）
合成材料（产品）: 半透明聚碳酸酯波纹板
相关网站: www.tat-o.com
邮箱: info@tat-o.com
图片提供: Kenichi Suzuki

上层两个棚屋式的浴室和阳光室用塑料外墙包裹起来，它们为下层起居空间带来天光和热量。塑料外墙采用半透明聚碳酸酯波纹板，波纹板和结构框架之间填充了常用于温室的吸湿和保温材料，室内侧为聚碳酸酯平板。浴室的天花板和墙内还填充了特殊的透光保温材料，这种材料由 PET 塑料再生产而来。

PMMA

OLYMPIC STADIUM MUNICH, 1972
1972 年慕尼黑奥运会体育场

建造年代：1972
地点：德国 慕尼黑
建筑师：甘特·贝尼奇和弗雷·奥托（Gunther Behnisch & Frei Otto）
合成材料（产品）：透明有机玻璃实心板
相关网站：www.behnisch.com
邮箱：pr@behnisch.com
图片提供：BEHNISCH ARCHITEKTEN

慕尼黑奥林匹克体育场上的巨大顶棚，有机玻璃板提供了良好的光线和透明度。在 20 世纪 70 年代，这是一座在技术和材料应用上堪称里程碑式的建筑。

BOTANISCHER GARTEN GRAZ
格拉茨大学植物园暖房

PMMA

建造年代: 1995
地点: 奥地利 格拉茨
建筑师: 沃尔克·金克（Volker Giencke）
合成材料（产品）: 透明有机玻璃实心板，双曲造型
相关网站: www.giencke.com
邮箱: office@giencke.com

这座温室建在格拉茨大学的植物园中，是将塑料在建筑上做成泡泡和水滴造型的先行者。它包括铝结构，根据推力得出的曲线拱，以及覆盖其上的多层双曲面有机玻璃板。

PMMA

KUNSTHAUS GRAZ
格拉茨美术馆

建造年代： 2003
地点： 奥地利 格拉茨（Graz）
建筑师： 彼得·库克和科林·弗尼尔（Peter Cook & Colin Fournier）
合成材料（产品）： 半透明蓝色有机玻璃实心板
相关网站： www.crab-studio.com
邮箱： info@crabstudio.net

这座"泡泡"型的美术馆因巨大而闪亮的非线性造型逻辑曾引发激烈的批评，但实际上它与周围环境之间遵循着一定的逻辑关系而且融合得很好。其塑料外墙的创新在于精确制造，共使用了1 500块三维有机玻璃面板，每块都有特殊的形状。

INFORMATION PAVILION
信息展厅

<u>建造年代</u>：2003

<u>地点</u>：意大利 博洛尼亚（Bologna）

<u>建筑师</u>：马里奥·库奇内拉事务所（Mario Cucinella Architects）

<u>合成材料（产品）</u>：透明有机玻璃圆管

<u>相关网站</u>：www.mcarchitects.it

<u>邮箱</u>：mca@mcarchitects.it

两个椭圆形体的外墙都采用了双层结构，内层为立置的一圈圆形有机玻璃管，外层为弧形玻璃，玻璃管下方的 LED 灯在夜晚点亮，为建筑带来一种未来色彩。

PMMA

ESPACIL ARGENTEUIL
阿让特伊学生宿舍

建造年代： 2003
地点： 法国 雷恩（Rennes）
建筑师： ECDM 事务所（ECDM）
合成材料（产品）： 黄绿色有机玻璃实心板
相关网站： www.ecdm.eu
邮箱： contact@ecdm.fr

建筑两个立面呈现不同材料不同风格，
临街立面采用了预制混凝土挂板涂色，
而面向庭院一侧的阳台则采用色彩明快
的黄绿色有机玻璃板隔断。

SHOULDHAM STREET
乔治式联排住宅的扩建

<u>建造年代</u>：2004
<u>地点</u>：英国 伦敦
<u>建筑师</u>：海宁·司徒默事务所（Henning Stummel Architects）
<u>合成材料（产品）</u>：半透明灰白色有机玻璃实心板
<u>相关网站</u>：www.henningstummelarchitects.co.uk

PMMA

这是一个在现有乔治式联排住宅上以木材为主材的扩建项目，内容为一间卫生间和两间浴室。用磨砂的有机玻璃板和木材拼接作为外墙，并用整片的白色有机玻璃板做内墙，从而创造了无窗的建筑。

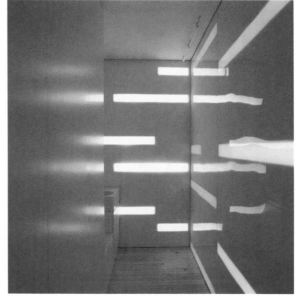

RUCKSACK HOUSE
背包小屋

<u>建造年代</u>：2004
<u>地点</u>：德国 莱比锡（Leipzig）
<u>建筑师</u>：斯特凡·埃伯斯塔特 / a.k.a. 工程师事务所
（Stefan Eberstadt a.k.a. Ingenieure）
<u>合成材料（产品）</u>：透明有机玻璃实心板 弯曲成型
<u>相关网站</u>：www.stefaneberstadt.de
　　　　　　www.aka-ingenieure.de
<u>邮箱</u>：stefan.eberstadt@stefaneberstadt.de
　　　　info@aka-ingenieure.de

小屋外挂在已有建筑立面之外，由钢骨外贴木板制作，为减轻重量，窗口为透明有机玻璃板，并折弯成转角窗。室内墙板还可折叠放倒成为家具。小屋曾在莱比锡等若干城市安装。

AMSTERDAM 'UNION MILIEU' REFUSE SORTING COMPANY
阿姆斯特丹环境协会垃圾分类公司

PMMA

建造年代: 2005
地点: 荷兰 阿姆斯特丹
建筑师: Ag Nova 事务所（Ag Nova Architecten）
合成材料（产品）: 回收的半透明彩色有机玻璃波纹板
相关网站: www.agnova.nl
邮箱: info.amersfoort@agnova.nl

建筑立面全部由回收的材料制成，下部为不透明的锈蚀的钢板，上部覆以半透明彩色有机玻璃波纹板。从外部可看到其中的操作过程，夜晚发出犹如灯笼的欢快的光。

SILICON HOUSE IN MADRID
马德里的住宅

建造年代：2006
地点：西班牙 马德里
建筑师：塞尔加斯和卡诺事务所（Selgas Cano）
合成材料（产品）：透明有机玻璃实心板
相关网站：www.selgascano.net
邮箱：selgascano1@gmail.com

建筑坐落在自然丛林环境中，为了与环境更好地对话和互动，建筑外门窗采用有机玻璃板制作，并安装有机玻璃球形天窗，将自然光引入室内。

PALACIO DE CONGRESOS, BADAJOZ
巴达霍斯会议中心

<u>建造年代</u>: 2006
<u>地点</u>: 西班牙 巴达霍斯（Badajoz）
<u>建筑师</u>: 塞尔加斯和卡诺事务所（Selgas Cano）
<u>合成材料（产品）</u>: 半透明有机玻璃管，内嵌发光装置
<u>相关网站</u>: www.selgascano.net
<u>邮箱</u>: selgascano1@gmail.com

在17世纪之前此地是城墙上的一座巨大五边形棱堡，18世纪场地被清空并改为斗牛场。建筑功能大部设置于地下，地面只有主观众厅的圆柱形体和外围的环形院落。建筑使用了多种合成材料，围栏材料为玻纤聚酯椭圆管，观众厅外墙为直径12cm有机玻璃管内嵌发光体，观众厅墙体和吊顶为聚碳酸酯板。

PMMA

OFFICE BUILDING IN MADRID
马德里森林办公室

建造年代: 2006
地点: 西班牙 马德里
建筑师: 塞尔加斯和卡诺事务所（Selgas Cano）
合成材料（产品）: 透明有机玻璃实心板，弯曲成型
相关网站: www.selgascano.net
邮箱: selgascano1@gmail.com

位于森林中半嵌入地下的工作室有如精
巧的文具盒，连续透明的外墙使人与森
林融为一体。透明部分外墙由 20mm 厚
有机玻璃实心板弯曲成型；半透明部分
为两侧 10mm 厚纤维增强塑料板，中间
半透明聚乙烯保温层的夹心结构。

PLINIO. BASE NAUTICA PER IL CANOTTAGGIO A TORNO
普林尼的皮划艇俱乐部

建造年代： 2006
地点： 意大利 托尔诺（Torno）
建筑师： MARC 事务所（MARC）
合成材料（产品）： 半透明蓝色有机玻璃多层板
相关网站： www.studiomarc.eu
邮箱： marc@studiomarc.eu

放置划艇的盒子从岩石上向湖面伸出并悬空，这样可以避免湖水涨落侵袭，半透明的有机玻璃板既显示了自身的存在又保护了小艇。

REISS FLAGSHIP STORE AND HEADQUARTERS IN LONDON
蕊丝伦敦旗舰店和总部

建造年代： 2007
地点： 英国 伦敦
建筑师： 斯夸尔及合伙人事务所，伦敦（Squire and Partners, London）
合成材料（产品）： 半透明有机玻璃实心板，机械加工
相关网站： www.squireandpartners.com
邮箱： info@squireandpartners.com

使用双层外墙，外层是雕刻了不同宽度和深度沟槽的有机玻璃板开放式幕墙。半透明的外墙将室内功能隐藏起来，夜晚每块亚克力板下方的 LED 灯将立面变成半透明体，形成光幕。

SAMITAUR TOWER
萨米淘塔

<u>建造年代</u>：2008
<u>地点</u>：美国 加州
<u>建筑师</u>：埃里克·欧文·莫斯（Eric Owen Moss）
<u>合成材料（产品）</u>：半透明有机玻璃实心板，冷弯成型
<u>相关网站</u>：www.ericowenmoss.com

在垂直叠加的钢环组成的塔身上，安装
12mm 厚半透明有机玻璃板作为显示屏。
用背投设备在显示屏上投影图像，供行
人观看。有机玻璃采用 Arkema 公司的
Plexiglas 产品。

UK PAVILION, SHANGHAI EXPO 2010
2010 上海世博会英国馆

建造年代: 2010
地点: 中国 上海
建筑师: 托马斯·赫斯维克（Thomas Heatherwick）
合成材料（产品）: 透明有机玻璃长杆
相关网站: www.heatherwick.com
邮箱: studio@heatherwick.com

由 6 万根细长的有机玻璃光纤杆构成，每根 7.5m 长，在杆的末端装有一个或多个种子，每根光纤杆外套一个约 6m 长的铝套管，铝套管穿过展厅的木盒结构并固定。

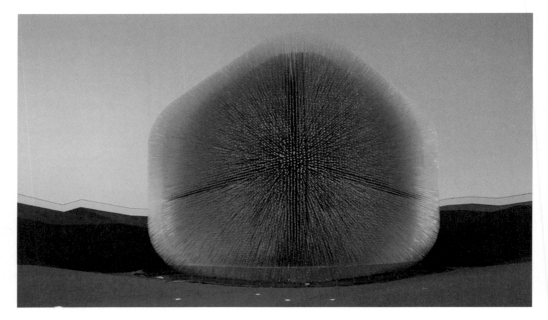

EL BATEL AUDITORIUM IN CARTAGENA HARBOUR
卡塔赫纳会议中心

PMMA

建造年代：2011
地点：西班牙 卡塔赫纳（Cartagena）
建筑师：塞尔加斯和卡诺事务所（Selgas Cano）
合成材料（产品）：半透明有机玻璃实心条板，双层外墙
相关网站：www.selgascano.net
邮箱：selgascano1@gmail.com

在底层长 200m 的通长大厅两侧，结构性的外壳采用钢桁架。内外两侧均用塑料包裹。塑料墙体视线通透、色彩强烈且变化丰富，在室内外都营造出奇妙的视觉效果。外墙为耐候较好的有机玻璃板，而室内则采用耐火较好的聚碳酸酯板，室外局部还使用了玻纤聚酯圆管和 ETFE 膜。

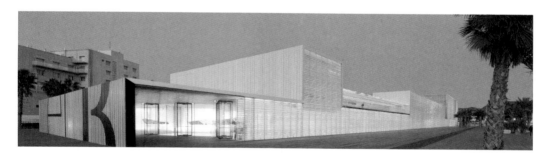

PMMA

FACTORY BUILDING ON THE VITRA CAMPUS
维特拉的新厂房

<u>建造年代</u>：2012
<u>地点</u>：德国 莱茵河畔魏尔（Weil am Rhein）
<u>建筑师</u>：妹岛和世和西泽立卫事务所（SANAA）
<u>合成材料（产品）</u>：半透明有机玻璃异形波纹板
<u>相关网站</u>：www.sanaa.co.jp
<u>邮箱</u>：press@sanaa.co.jp

如窗帘般轻舞的新厂房外墙用特殊定制的有机玻璃波纹板单元包裹，每个单元长11m，宽1.8m。玻璃板外表面透明，内侧共挤了一层半透明白色，为避免重复而设计了三种波纹，分别倒置后可形成六种样式。

PARASITE SHELTER
寄生庇护所

建造年代：1999

地点：美国 纽约

建筑师：迈克尔·拉克维茨（Micheal Rakowitz）

合成材料（产品）：半透明聚乙烯薄膜／聚氯乙烯薄膜

相关网站：www.michaelrakowitz.com

邮箱：michaelrakowitz@gmail.com

PE

这是一项为无家可归者提供低造价庇护所的研究。这个充气的"寄生"结构依附在一个已有的建筑上，用建筑通风管排出的暖空气为其充气和保暖。庇护所用塑料袋、垃圾袋、防水胶条等成品廉价材料拼接，并根据使用人的特定要求定制外观。

PE

AQUA-SCAPE
水滴花茎

建造年代： 2006 / 2009
地点： 日本 十日町 / 英国 威克福德（Wickford）
建筑师： 藤木隆明 + 藤木建筑研究室（Ryumei Fujiki + Fujiki Studio, KOU::ARC）
合成材料（产品）： 网板状聚乙烯纤维 / 透明聚碳酸酯实心薄片
相关网站： www.fads-design.jp
邮箱： www.fads-design.jp/contact
图片提供： Ryumei Fujiki

在越后妻有交流中心内庭院的水池上坐落着一个折纸般的小房子，这是一个追求轻盈、柔软并可移动建筑的尝试。将聚乙烯纤维相互缠绕形成网板状的塑料片，再折出正弦曲线的折痕并编织成了茧状的三维空间。

其后藤木又受邀在英国建造了第二版水滴花茎，比之前版本外形更小也更轻巧，其外部包裹了一层透明的聚碳酸酯薄片。

DAS KÜCHENMONUMENT
厨房纪念碑

建造年代： 2006
地点： 欧洲多城市
建筑师： 空间实验室，柏林（Raumlabor Berlin）
合成材料（产品）： 半透明聚乙烯薄膜
相关网站： www.raumlabor.net
邮箱： info@raumlabor-berlin.de

厨房纪念碑是一个可移动的装置，充气后可从镀锌薄板包裹的小方盒变形成 20m 长的多用途的公共空间。充气的泡泡用半透明纤维加强聚乙烯薄膜制作，地面则附加了聚氯乙烯涂层。

PE

BURBUJA MANCHEGA
曼查的泡泡

<u>建造年代</u>：2007
<u>地点</u>：西班牙 曼查（Castilla La Mancha）
<u>建筑师</u>：塑料幻想（Plastique Fantastique）
<u>合成材料（产品）</u>：半透明聚乙烯薄膜
<u>相关网站</u>：www.plastique-fantastique.de
<u>邮箱</u>：info@plastique-fantastique.de
<u>图片提供</u>：Marco Canevacci

泡泡被当做一个可移动的公共教育空间，
先后布置在曼查的五个地点，每个地点
开放一周。泡泡由两个扁圆半球和中间
的两条连接通道组成,是一个充气结构,
充气设备放在两条通道之间。

TRE OPERATIONS BUILDING
TRE 展示办公楼

建造年代： 2002
地点： 奥地利 格罗斯霍芬（Grosshöflein）
建筑师： Querkraft 事务所（Querkraft）
合成材料（产品）： 灰色聚氯乙烯网
相关网站： www.querkraft.at
邮箱： office@querkraft.at

两端外墙为聚氯乙烯张拉网片，外表皮印刷字体，夜晚像灯箱一样向外透光。

PVC

HOUSE FOR EVA AND FRITZ
埃娃和弗立茨住宅

建造年代：2003
地点：奥地利 贝格海姆（Bergheim）
建筑师：Hobby a. 事务所（Hobby a., Wolfgang Maul & Walter Schuster）
合成材料（产品）：黑色聚氯乙烯膜
相关网站：www.hobby-a.at
邮箱：w.maul@hobby-a.at

建筑基体由木质骨架和定向刨花板（OSB）构成，外部覆盖经拉伸的聚酯纱高密度涂层聚氯乙烯膜，形成光滑的表面。转折处使用四分之一圆管，使膜材平滑过渡，并与木材之间留出 3cm 的空气层。

TEMPORARY LOCAL GOVERNMENT OFFICES IN LONDON
伦敦的临时地方政府办事处

建造年代：2005（现已移建）
地点：英国 伦敦
建筑师：LDS 事务所，伦敦（Lifschutz Davidson Sandilands, London）
合成材料（产品）：白色聚氯乙烯复合膜／三层聚四氟乙烯膜
相关网站：www.lds-uk.com
邮箱：mail@lds-uk.com

PVC

临时办事处虽然造价低廉，但因设置了轻巧的采光天棚而得到良好的亲切感和视觉通透感。条形采光口外层为三层 ETFE 充气枕，内层为半透明的有机织物膜，天棚其他部位为白色聚氯乙烯复合膜。

PVC

MODIFIABLE PAVILION IN BONN
波恩可变凉亭

<u>建造年代</u>：2005

<u>地点</u>：德国 波恩

<u>建筑师</u>：卡尔霍夫 - 科辛根事务所，科隆（Kalhofer -Korschildgen, Koln）

<u>合成材料（产品）</u>：白色聚氯乙烯膜

<u>相关网站</u>：www.kalhoefer-korschildgen.de

<u>邮箱</u>：mail@kalhoefer-korschildgen.de

L型钢为框架支撑起四壁和顶棚，外墙如同车库门一样可向四面打开，外皮为白色防水聚氯乙烯膜，内层的红色织物为建筑脚手架常用保护网。

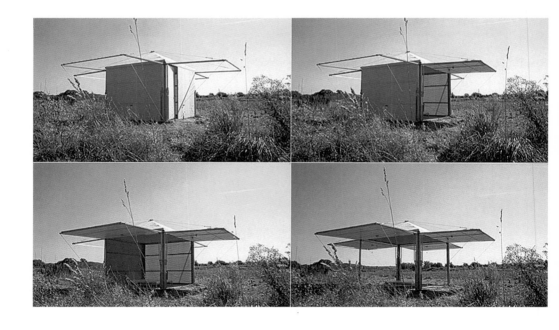

KUNSTHÜLLE LPL/THE SERPENTINE PAVILION OF THE NORTH
北方蛇形画廊

建造年代： 2006
地点： 英国 利物浦
建筑师： 颠覆建筑工作室（osa）
合成材料（产品）： 半透明聚氯乙烯条形膜
相关网站： www.osa-online.net
邮箱： mail@osa-online.net
图片提供： osa/KHBT、Johannes Marburg

PVC

在原厂房的屋顶加入一个抬高的有一定斜度的双层窗帘结构，当周围有风的时候，膜摆动，光影变化，生动而充满活力。夜晚，装置了半透明的窗帘的建筑如同一个灯塔。

PVC

CASA SUL TETTO
屋顶上的家

建造年代： 2007
地点： 意大利 米兰
建筑师： MAP
合成材料（产品）： 白色聚氯乙烯膜
相关网站： www.studiomap.mi.it
邮箱： info@studiomap.mi.it

本项目建在原工厂区一栋旧办公楼的屋顶上，用多种构造手段创造出舒适的物理环境。外墙和屋顶均为空心构造，外层聚氯乙烯膜和内层墙体之间形成烟囱效应，调节室内温度。背侧的温室则隔绝了不远处高速路上传来的噪音。

RUSSIAN PAVILION,SHANGHAI EXPO 2010
2010 上海世博会俄罗斯馆

建造年代： 2010

地点 中国 上海

建筑师： P.A.P.ER 事务所（P.A.P.ER）

合成材料（产品）： 半透明深蓝色聚氯乙烯片材

相关网站 www.totement.ru

邮箱： info@paperteam.ru

12 座白色塔楼背后的方形主体量外墙上，深蓝色聚氯乙烯 "铲子" 状鳞片式幕墙随风摆动，不时发出 "啪啪" 的击打声。

PVC

GEMANY PAVILION, SHANGHAI EXPO 2010
2010 上海世博会德国馆

建造年代：2010
地点：中国 上海
建筑师：施密特胡博事务所和凯德尔公司
（Schmidhuber + Kaindl）
合成材料（产品）：半透明灰色聚氯乙烯复合网膜
相关网站：www.schmidhuber.de
邮箱：info@schmidhuber.de

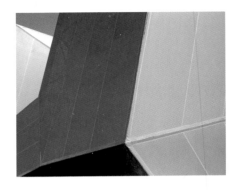

主结构外先包裹一层 100mm 厚彩钢夹芯板，外侧是一层开放的、网格状复合膜。银灰色膜提供了阴影，并反射走大部分阳光。该膜由聚氯乙烯涂层和聚酯纤维基布复合而成。

STUDIO EAST DINING
伦敦工地临时餐厅

PVC

<u>建造年代</u>：2010
<u>地点</u>：英国 伦敦
<u>建筑师</u>：卡莫迪和格罗尔克事务所（Carmody Groarke）
<u>合成材料（产品）</u>：半透明白色聚氯乙烯膜
<u>相关网站</u>：www.carmodygroarke.com
<u>邮箱</u>：studio@carmodygroarke.com
<u>图片提供</u>：Christian Richters

临时餐厅位于一座 35m 高的正在施工的
车库顶上，拥有俯瞰伦敦奥运公园的独
特景观。其从设想至营业仅用时十周，
而存在仅仅三周。全部建材均取自所在
工地，包括脚手架、模板及外面包裹着
的白色聚氯乙烯膜等，全部材料均可在
停业后完全回收。

PVC

LONDON SHOOTING VENUE
伦敦射击场

建造年代： 2012
地点： 英国 伦敦
建筑师： 麦格玛事务所和莫特·麦克唐纳（Magma Architecture & Mott MacDonald）
合成材料（产品）： 白色聚氯乙烯膜
相关网站： www.magmaarchitecture.com
邮箱： info@magmaarchitecture.com

双层聚氯乙烯膜包裹了整个建筑，使其可以简便地拆卸、移动和组装。

白色表皮上的彩色圆点既作为张力节点起到支撑作用，又是自然通风的风口，为室内提供舒适温度，同时也是首层的入口通道。半透明的外表皮材料减少了室内照明需求。

BASKETBALL ARENA IN LONDON
伦敦篮球场

PVC

<u>建造年代</u>：2012
<u>地点</u>：英国 伦敦
<u>建筑师</u>：威尔金森·艾尔事务所（Wilkinson Eyre Architects）
<u>合成材料（产品）</u>：白色聚氯乙烯膜
<u>相关网站</u>：www.wilkinsoneyre.com
<u>邮箱</u>：info@wilkinsoneyre.com

白色聚氯乙烯张拉膜包裹着整座建筑，用弧形框架多方向张紧膜材，既起到支撑作用又使立面生动有趣。这座建筑是 2012 年伦敦奥运会建设最快并最早竣工的大型场馆之一，其中 2/3 的材料可回收利用，并可在会后完全拆解。

DRIFT
迈阿密漂浮物

建造年代：2012
地点：美国 迈阿密
建筑师：Snarkitecture 事务所（Snarkitecture）
合成材料（产品）：白色聚氯乙烯膜
相关网站：www.snarkitecture.com
邮箱：info@snarkitecture.comt

在迈阿密设计节入口庭院的上空，设计者将充气膨胀的圆管绑在一起，就像漂浮在空中一样，其下则形成一个奇特的山洞景观。充气圆管用聚氯乙烯膜制作，与旁边的临时展厅材料一致。

SPAARNE HOSPITAL BUS STATION
斯帕恩医院公交车站

PS

建造年代：2003
地点：荷兰 霍夫多普
建筑师：尼欧事务所（NIO Architecten）
合成材料（产品）：发泡聚苯乙烯
相关网站：www.nio.nl
邮箱：nio@nio.nl
图片提供：NIO architecten

车站结构 50m x 10m x 5m，完全用发泡聚苯乙烯以及其他聚酯建造，满足了极低的造价控制，同时大概是世界上最大的一座合成材料构筑单体。其造型抽象，引人联想。

PS

YARD FURNITURE MUSEUMSQUARTIER VIENNA
维也纳博物馆区内院多功能装置

建造年代： 2005
地点： 奥地利 维也纳
建筑师： PPAG 事务所的波佩尔卡和波杜什卡
（PPAG-Popelka Poduschka, Wien）
合成材料（产品）： 膨胀聚苯乙烯
相关网站： www.ppag.at
邮箱： ppag@ppag.at

这些名为"ENZI"的抽象模块由膨胀聚苯乙烯经数控切割而成，将它们用线性或其他方法进行构成，可成为有雕塑感的装置并具有各种有趣的功能。这些装置外表喷涂防紫外线涂层，并且每年变换一次颜色。

WARMTE OVERDRACHT STATION
WOS 8 换热站

<u>建造年代</u>: 1997
<u>地点</u>: 荷兰 乌德勒支（Utrecht）
<u>建筑师</u>: NL 事务所（NL Architects）
<u>合成材料（产品）</u>: 黑色聚氨酯涂膜
<u>相关网站</u>: www.nlarchitects.nl
<u>邮箱</u>: office@nlarchitects.nl

WOS 8 是一座社区换热站，建筑规模在满足设备工艺的条件下进行最大程度的压缩，造型被塑造为雕塑一般顶墙一体，以避免对城市环境造成负面影响。外墙采用了聚氨酯涂膜，无缝因而天然防水，非常适合当地多雨气候。墙上设置了各种运动设施，更使建筑成为青年喜爱的公共广场。

PUR

HOUSE IN ZURNDORF
ZURNDORF 住宅

建造年代: 2005
地点: 奥地利 弗莱德里希绍夫
建筑师: PPAG 事务所 (PPAG Architects)
合成材料（产品）: 喷雾泡沫聚氨酯
相关网站: www.ppag.at
邮箱: ppag@ppag.at

建筑的成本要求十分严苛，为此，建筑师创造了一种新型的外墙，将泡沫聚氨酯直接喷涂在木框架墙体上，采用这种方式，控制造价，并且工期只用了三个月。

WINDSHAPE
风的形状

建造年代： 2006

地点： 法国 拉科斯特（Lacoste）

建筑师： nAchitects 事务所和萨凡纳艺术与设计
学院的学生（nArchitects studio and the students of
Savannah College of Art and Design）

合成材料（产品）： 白色聚丙烯塑料管和塑料绳

相关网站： www.narchitects.com

邮箱： n@narchitects.com

图片提供： nARCHITECTS

PP

将聚丙烯塑料管用铝环组装成三脚结构，
并用塑料绳相互绑扎。"风的形状"会在
风的作用下摇曳变形，晚间它的柔软与
背景里的城堡形成强烈对比。整个夏天，
这里都是小镇上音乐、展览的集会空间。

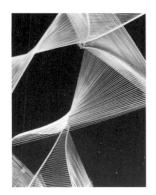

PUR

YOUTH AND NEIGHBOURHOOD CENTRE IN AMSTERDAM
阿姆斯特丹的青年与邻里中心

建造年代: 2011
地点: 荷兰 阿姆斯特丹
建筑师: 肯普和西尔工作室（Atelier Kempe Thill）
合成材料（产品）: 灰白色聚氨酯喷涂
相关网站: www.atelierkempethill.com
邮箱: info@atelierkempethill.com

建筑的外观很独特，主要是由于采用了聚氨酯作为立面材料。这种常用作水箱和谷仓保温材料的合成材料以液态形式被喷射在钙质砂岩上，喷射后会形成泡沫，并在短短的几小时内凝固。然后再在这种结实的材料上涂抹一层防紫外线涂层。这个"漂浮"的盒子表面粗糙且不规则，与玻璃基座光滑、反射的表面形成强烈对比。

ipage。

AMALIA
阿玛利亚住宅

建造年代： 2007
地点： 奥地利 施第里尔（Styria）
建筑师： GRID 事务所（GRID Architektur）
合成材料（产品）： 绿色聚丙烯人工草皮
相关网站： www.grid-a.com
邮箱： mail@grid-a.com

PP

为使建筑内外结合，整个建筑的外表覆盖一层人工草皮，只将窗户留了出来。人造草皮以聚丙烯为主，也部分采用聚氯乙烯和聚酰胺。

PP

TEMPORARY BAR IN PORTO
波尔图临时酒吧

<u>建造年代</u>：2008
<u>地点</u>：葡萄牙 波尔图（Porto）
<u>建筑师</u>：迪奥戈·阿吉亚尔，特里萨·奥托（Diogo Aguiar, Teresa Otto）
<u>合成材料（产品）</u>：半透明白色聚丙烯塑料箱
<u>相关网站</u>：www.diogoaguiar.com
<u>邮箱</u>：info@diogoaguiar.com
<u>图片提供</u>：Diogo Aguiar

由 420 个宜家白色聚丙烯储物箱搭在钢框架上，局部可开启，内部无柱。LED 灯光系统随着音乐在立面上呈现有节奏的变化。

DISNEY'S HOUSE OF THE FUTURE
迪斯尼乐园的未来之屋

<u>建造年代</u>：1957
<u>地点</u>：美国 加利福尼亚
<u>建筑师</u>：孟山都公司（Monsanto Company）
<u>合成材料（产品）</u>：白色纤维加强塑料预制单元

FRP

未来之屋由孟山都公司赞助建造，于1957年落成，数年后被拆除。小屋外壳为塑料，内部陈设和用品也多用塑料制造，反映出当年对未来生活场景的一种设想。

FRP

MINZIER HOUSES
敏济尔住宅系列

<u>建造年代</u>：1967
<u>地点</u>：法国 敏济尔 （Minzier）
<u>建筑师</u>：帕斯卡尔·豪瑟曼（Pascal Hausermann）
<u>合成材料（产品）</u>：纤维增强塑料 预制单元

这一系列有趣的像泡泡一样的小屋，看起来像霍比特人或者后世的天线宝宝之家，最初是一座小旅馆，几经沉浮后如今再次翻新开业。主要材料为混凝土壳体，部分构件使用了纤维增强塑料预制单元。

FUTURO HOUSE
未来之屋

建造年代： 1968
地点： 可移动
建筑师： 马蒂·苏洛宁（Matti Suuronen）
合成材料（产品）： 多色玻纤增强塑料板 预制单元
相关网站： www.futurohouse.net
邮箱： wally@futurohouse.net

这个 50m² 的小屋是马蒂·苏洛宁为了滑雪之便设计的，它能在各种恶劣的环境中快速建造，材料采用玻璃纤维增强塑料，由预制的单元组成，只需三人就能安装。单元可以用卡车运到现场，整幢房子可以用直升飞机搬运。未来之屋为实现塑料建筑从实验室到标准化生产的梦想迈进了一大步。

OLIVETTI TRAINING CENTER
奥利维蒂管理和培训中心

<u>建造年代</u>: 1973
<u>地点</u>: 英国 黑斯尔米尔（Haslemere）
<u>建筑师</u>: 詹姆斯·斯特林（James Stirling）
<u>合成材料（产品）</u>: 多色玻纤增强塑料板 预制单元
<u>相关网站</u>: www.storiaolivetti.it
<u>邮箱</u>: segreteria@arcoliv.org

奥利维蒂管理和培训中心是一个在使用塑料方面把工业设计和建筑设计紧密地结合在一起的优秀的实例。这个两翼伸出的综合体采用钢架结构和玻纤增强塑料板外墙，塑料板有时尚的颜色和光滑的表面。

ANTHENEA
漂浮的假日住宅

FRP

建造年代：1992
地点：法国
建筑师：让·米歇尔·杜卡内里（Jean-Michel Ducanelle）
合成材料（产品）：白色玻纤增强塑料板预制单元
相关网站：www.ducancelle.com
邮箱：jean-michel@ducancelle.com

漂浮在水上的梦幻圆形小屋，用多种塑料建造，壳体为玻纤增强塑料预制构件，外圆环平台为聚氨酯。这是一个适度的扩展建筑范围的尝试。

FRP

HOUSE NEAR TOKYO
东京附近小屋

<u>建造年代</u>：2000
<u>地点</u>：日本 埼玉县
<u>建筑师</u>：坂茂事务所, 东京（Shigeru Ban Architects, Tokyo）
<u>合成材料（产品）</u>：半透明纤维增强塑料波纹板
<u>相关网站</u>：www.shigerubanarchitects.com
<u>邮箱</u>：tokyo@shigerubanarchitects.com

外墙表面是两层玻纤增强塑料波纹板，室内墙面为尼龙织物，均固定于木龙骨之上；内外两层墙体之间填充包装用聚乙烯泡沫和聚乙烯气泡垫，以之作为保温隔热层。

BUS STATION OF EMSDETTEN
埃姆斯戴腾的公共汽车站

<u>建造年代</u>：2000
<u>地点</u>：德国 埃姆斯戴腾（Emsdetten）
<u>建筑师</u>：OX2 事务所（OX2 architekten）
<u>合成材料（产品）</u>：黄色纤维增强塑料板 预制单元
<u>相关网站</u>：www.ox2architekten.de
<u>邮箱</u>：post@OX2.de

站台的屋顶为工厂预制并在现场组装。其中塑料构件是专门开发的，它们预制成双层中空内部有肋板的单元，外观不透明并且光洁鲜艳。

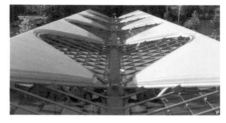

FRP

WORLD CLASSROOM
世界教室

建造年代： 2001
地点： 英国 里士满（Richmond）
建筑师： 未来系统事务所（Future Systems）
合成材料（产品）： 白色玻纤增强塑料板
相关网站： www.future-systems.com
邮箱： office@kaplickycentre.org
图片提供： AL_A

这是一栋轻巧并充满灵性的教室，白色
玻纤增强塑料的外壳看起来有趣又充满
未来感。

PAPER MUSEUM IN SHIZUOKA
静冈造纸展示馆

FRP

建造年代： 2002
地点： 日本 静冈市
建筑师： 坂茂事务所，东京（Shigeru Ban Architects, Tokyo）
合成材料（产品）： 半透明纤维增强塑料空心板
相关网站： www.shigerubanarchitects.com
邮箱： tokyo@shigerubanarchitects.com

外墙由玻纤增强塑料空心板构成，可开启成为遮阳板，保持室内外的连续性。

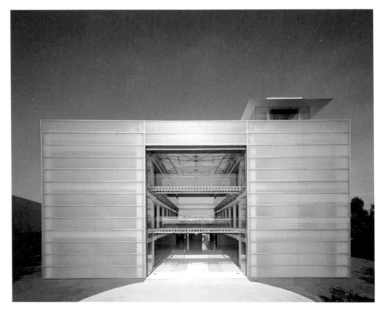

FRP

SHARED-OWNERSHIP HOUSING IN LONDON
伦敦的共有住宅

<u>建造年代</u>: 2004
<u>地点</u>: 英国 伦敦
<u>建筑师</u>: 艾什·萨库拉事务所, 伦敦（Ash Sakula Architects, London）
<u>合成材料（产品）</u>: 透明纤维增强塑料波纹板
<u>相关网站</u>: www.ashsak.com
<u>邮箱</u>: info@ashsak.com

位于东伦敦锡尔弗敦的低造价住宅，外墙采用 Apollo 公司带铝箔的绝热保温板。外层覆盖透明的纤维增强塑料波纹板。板后有艺术家设计的电线装饰。

ESG PAVILION – DIGITAL TECHNOLOGIES IN DESIGN AND PRODUCTION
ESG 展示亭 - 设计与生产中的数字技术

FRP

建造年代: 2004
地点: 可移动
建筑师: 玛尔钦·沃基克（Marcin Wójcik）
合成材料（产品）: 半透明纤维增强塑料实心板
相关网站: www.marcinwojcik.net
邮箱: marcin.wojcik@aho.no

该项目属于介于建筑和产品之间的"微建筑"范畴，由计算机辅助设计完成。

HOUSE AND GALLERY IN KARUIZAWA
轻井泽町音乐家住宅

建造年代： 2004
地点： 日本 轻井泽町
建筑师： 山口诚（Makoto Yamaguchi, Tokyo）
合成材料（产品）： 白色纤维增强塑料实心板
相关网站： www.ymgci.net
邮箱： mail@ymgci.net

建筑墙体、屋面、基座浑然一体，外表材
料为纤维增强塑料板，无缝表皮使得建筑
外观如同失去比例的森林中的一个点。

LUCKY DROPS
幸运水滴

FRP

建造年代： 2005
地点： 日本 东京
建筑师： 山下保博工作室，东京（Atelier Tekuto, Tokyo）
合成材料（产品）： 半透明纤维增强塑料空心板
相关网站： www.tekuto.com
邮箱： info@tekuto.com

这栋小住宅位于一片小且狭长的用地上，在小而简洁的体型内，提供了尽可能多并足够舒适的居住空间。大部分私密的居住空间位于地下，地上部分半透明的外墙让日光进入室内每一个角落。

FRP

STRAW HOUSE IN ESCHENZ
埃申茨稻草住宅

<u>建造年代</u>: 2005
<u>地点</u>: 瑞士 埃申茨（Eschenz）
<u>建筑师</u>: 费列克斯·耶路撒冷（Felix Jerusalem）
<u>合成材料（产品）</u>: 半透明绿色玻纤增强塑料波纹板
<u>相关网站</u>: www.felixjerusalem.ch
<u>邮箱</u>: f.jerusalem@bluewin.ch
<u>图片提供</u>: Georg Aerni

结构墙体采用压实的稻草夹心板，既属于可循环材料又节约成本。墙体均为预制，在现场进行组装，总工期只有四个月。外墙使用了半透明的绿色玻纤增强塑料波纹板。

ENTRANCE PAVILION IN BASEL
诺华园入口展厅

<u>建造年代</u>：2006
<u>地点</u>：瑞士 巴塞尔
<u>建筑师</u>：马可·塞拉（Marco Serra）
<u>合成材料（产品）</u>：白色玻纤增强塑料板预制单元
<u>相关网站</u>：www.marcoserra.ch
<u>邮箱</u>：marco.serra@marcoserra.ch
<u>图片提供</u>：Marco Serra

工厂预制的弧形屋顶安置在立面的玻璃结构之上，如同漂浮，兼具形式、结构和保温功能。共 400m²，内部的基本单元为 90cm x 90cm 的实心泡沫聚氨酯块，外层用多层玻纤增强塑料包裹，合并成 4 个 5.6m x 18.5m 的单元现场吊装，最后粘合成无缝、匀质的表面。

FRP

HOTEL KAPOK
木棉花酒店改造工程

建造年代： 2006
地点： 中国 北京
建筑师： 朱锫建筑事务所（Studio Pei-Zhu）
合成材料（产品）： 淡绿色纤维增强塑料实心格构
相关网站： www.studiopeizhu.com
邮箱： office@studiozp.com

立面外围用一层格栅包裹。格栅采用玻纤增强塑料板制作，淡绿色彩如同玉石，建筑呈现出一种半透明的状态，从不同的角度反射阳光产生闪烁的效果，在夜晚则像灯笼一样发出朦胧的光。

CHURCH AT JYLLINGE
于灵厄的教堂

FRP

建造年代：2008
地点：丹麦 西兰岛
建筑师：KHR 事务所（KHR arkitekter）
合成材料（产品）：半透明纤维增强塑料空心板
相关网站 www.khr.dk
邮箱：khr@khr.dk

圣十字教堂如同巨型雕塑伫立在西兰岛的旷野，远远看去好像混凝土的表面，走近一些又像绿色的光亮大理石，直到近前才会发现外墙用半透明玻纤增强塑料板建造。空心板宽 500mm，厚 40mm，板厚 4mm，外观没有紧固件和缝，板材边缘和对接均露明。

FRP

FRAUNHOFER INSTITUTE IN ILMENAU
伊尔梅瑙弗劳恩霍夫研究所

建造年代：2008
地点：德国 伊尔梅瑙（Ilmenau）
建筑师：斯泰伯事务所（Staab Architekten）
合成材料（产品）：半透明纤维增强塑料实心板
相关网站：www.staab-architekten.com
邮箱：info@staab-architekten.com

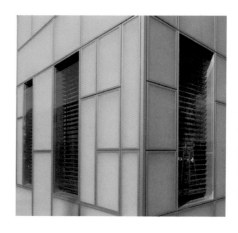

不透明实体墙外包裹了一层半透明的纤维增强塑料面板，为这座研究所建筑增加了吸引力。

BAHNHOF EMSDETTEN
埃姆斯戴腾的火车站

FRP

建造年代： 2009

地点： 德国 埃姆斯戴腾（Emsdetten）

建筑师： OX2 事务所（OX2 architekten）

合成材料（产品）： 黄色纤维增强塑料板 预制单元

相关网站： www.ox2architekten.de

邮箱： post@OX2.de

由工厂预制的塑料构件在现场组装而成，作为装饰面板与钢结构相结合。

FRP

SHERATON MILAN MALPENSA AIRPORT HOTEL & CONFERENCE CENTRE
米兰马尔彭萨机场喜来登酒店及会议中心

建造年代：2010
地点：意大利 米兰
建筑师：金和罗塞利事务所（King Roselli Architetti）
合成材料（产品）：白色玻纤增强塑料实心板
相关网站：www.kingroselli.com
邮箱：mail@kingroselli.com

经过与钛锌板、可丽耐、喷射聚氨酯、树脂基防水混凝土等多种材料的对比，最终选择以玻纤增强塑料来建造建筑外表的无缝弧形外壳。玻纤材料通过拉挤成型，可制成 1400mm 宽，长度几乎无限的板材，其强度、变形、防水耐火性能都能满足需求。

THE WALBROOK LONDON
沃尔布鲁克项目

建造年代：2010
地点：英国 伦敦
建筑师：福斯特与合伙人事务所 (Foster and Partners)
合成材料（产品）：白色玻纤增强塑料板预制单元
相关网站：www.fosterandpartners.com
邮箱：press@fosterandpartners.com
图片提供：（右上图、右下图）Hufton & Crow
　　　　　（左下图）Nigel Young

FRP

用预制的玻纤增强塑料制造连续波浪形遮阳板。这座新建筑坐落于历史保护街区，取代了原址上一座石质的老建筑，立面的波浪重现了原建筑的尺度和韵律，收窄的檐口与相邻建筑同高。是一个用现代方式重塑街区的实例。

ETFE

CARGOLIFTER HANGAR/ TROPICAL ISLAND
浮空货运中心停机库／热带之岛

建造年代： 2000/2004
地点： 德国 勃兰德（Brand）
建筑师： CL 迈普公司（CL Map）
合成材料（产品）： 半透明 ETFE 膜充气单元
相关网站： www.clmap.com
邮箱： info@clmap.com

这曾经是世界上最巨大的独立机库，用来停放浮空公司的货运飞艇，后经改造成为热带主题公园。原中部外墙为 PVC 复合膜，改造后的外墙采用半透明 ETFE 膜充气单元，轻盈透光，并具有良好的耐候性。

EDEN PROJECT
伊甸园

<u>建造年代</u>: 2001
<u>地点</u>: 英国 康沃尔（Cornwall）
<u>建筑师</u>: 尼古拉斯·格雷姆肖 (Nicholas Grimshaw)
<u>合成材料（产品）</u>: 半透明 ETFE 膜充气单元
<u>相关网站</u>: www.grimshaw-architects.com
<u>邮箱</u>: communications@grimshaw-architects.com

ETFE

使用钢网架嵌六边形半透明三层 ETFE 膜充气单元。这是一个在空间和材料方面都追求高效性的尝试。膜材的轻盈和球形造型的高效，使得结构钢材和节点都十分轻巧。

ETFE

NATIONAL SPACE CENTRE
英国莱斯特国家航天中心

<u>建造年代</u>: 2001
<u>地点</u>: 英国 莱斯特（Leicester）
<u>建筑师</u>: 尼古拉斯·格雷姆肖（Nicholas Grimshaw）
<u>合成材料（产品）</u>: 半透明 ETFE 膜充气单元
<u>相关网站</u>: www.grimshaw-architects.com
<u>邮箱</u>: communications@grimshaw-architects.com

塔身立面由透明的 ETFE
膜充气单元以及钢结构支
撑组成，高调地展示着内
部的火箭与太空飞行器。

EXHIBITION BUILDING IN BUSAN
釜山展览馆建筑

ETFE

建造年代： 2006
地点： 韩国 釜山
建筑师： Mass 研究室（Mass Studies）
合成材料（产品）： 半透明 ETFE 膜充气单元
相关网站： www.massstudies.com
邮箱： office@massstudies.com

位于釜山郊区的公司展示建筑，与文化设施相结合，在当地形成标志。立面上层外围采用 ETFE 充气薄膜，造型轻盈，薄膜上印刷公司标志纹理，夜晚薄膜呈多种颜色。该项目建造周期仅十个月。

ETFE

ALLIANZ ARENA
慕尼黑安联足球场

<u>建造年代</u>：2006
<u>地点</u>：德国 慕尼黑
<u>建筑师</u>：赫尔佐格和德梅隆，巴塞尔（Herzog & de Meuron, Basel）
<u>合成材料（产品）</u>：半透明 ETFE 膜充气单元
<u>相关网站</u>：www.herzogdemeuron.com
<u>邮箱</u>：communications@herzogdemeuron.com

足球场整个外围由光滑的菱形 ETFE 膜充气单元组成，并可以透出不同的光，红白或是蓝白的菱形让整个建筑看上去像一个 LED 大屏幕。

GEORGIA TECH SOLAR DECATHLON
2007 太阳能屋十项全能竞赛 佐治亚理工学院作品

<u>建造年代</u>: 2007
<u>地点</u>: 西班牙 马德里
<u>建筑师</u>: 佐治亚理工学院（Georgia Tech）
<u>合成材料（产品）</u>: 半透明 ETFE 膜充气单元
<u>相关网站</u>: www.solar.gatech.edu
<u>邮箱</u>: christopher.jarrett@coa.gatech.edu

ETFE

这是一项综合利用节能技术的学生建造竞赛。2007 年佐治亚理工学院的太阳能屋使用了多种塑料外墙，ETFE 充气单元屋顶、纤维增强塑料板高窗及各种太阳能电池板等。

HEROLD SOCIAL HOUSING
哈罗德集合住宅

ETFE

<u>建造年代</u>：2008
<u>地点</u>：法国 巴黎
<u>建筑师</u>：雅各布和麦克法兰事务所（Jakob + Macfarlane）
<u>合成材料（产品）</u>：半透明 ETFE 膜窗帘
<u>相关网站</u>：www.jakobmacfarlane.com
<u>邮箱</u>：press@jakobmacfarlane.com

这是一组提供 100 套不同大小公寓的集合住宅，用地有严格的开发要求和限制。半透明 ETFE 膜窗帘，使阳台在冬季变成温室，同时使立面形式得到了简化和统一。

THIRST PAVILION
渴之馆

<u>建造年代</u>：2008
<u>地点</u>：西班牙 萨拉戈萨（Zaragoz）
<u>建筑师</u>：恩里克·鲁伊斯·格里（Enric Ruiz Geli of Cloud 9）
<u>合成材料（产品）</u>：半透明 ETFE 膜充气单元
<u>相关网站</u>：www.ruiz-geli.com
<u>邮箱</u>：info@e-cloud9.com

ETFE

渴之馆是萨拉戈萨世博会展馆之一，用透明水滴泡泡和白色壳体来形成覆盖着水滴的盐结晶的概念。建筑表面覆盖着大小不一的 ETFE 充气单元，白色背衬壳体为玻纤增强塑料板。ETFE 充气单元表层为半透明膜，底层为银色以反射阳光。

ETFE

"WATER CUBE" NATIONAL AQUATICS CENTER
"水立方"国家游泳中心

建造年代: 2008
地点: 中国 北京
建筑师: 中建国际（深圳）设计顾问有限公司
PTW 事务所
奥雅纳有限公司（CCDI PTW Architects OVE ARUP
PTY Ltd.）
合成材料（产品）: 半透明 ETFE 膜充气单元
相关网站: www.ccdi.com.cn
　　　　　www.ptw.com.au
　　　　　www.arup.com
　　　　　www.vector-foiltec.com
邮箱: info-beijing@ptw.com.au

"水立方"包裹着一层蓝色泡泡状的半透明 ETFE 膜充气单元，充分展示了其游泳中心的性格特征，并带有强烈的梦幻色彩。这些泡泡可以将自然光引入建筑，用来加热建筑和池水，从而节省能源消耗。

VITAM'PARC-SPORTS,LEISURE & SHOPPING CENTER
运动休闲购物中心

建造年代： 2009

地点： 法国 内登斯（Neydens ）

建筑师： L35 事务所（L35 Arquitectos, Barcelona, Spain）

合成材料（产品）： 半透明 ETFE 膜充气单元

相关网站： www.l35.com

邮箱： marta@numacomunicacion.com

ETFE

室内泳池区用一排长长的半透明三层 ETFE 膜充气单元覆盖，形成了舒适迷人的室内景观。由木质的空间网架拱形结构支撑，ETFE 充气膜不仅要适应横截面拱曲线，也要适应纵向不同拱之间的变化。

ETFE

JAPAN PAVILION,SHANGHAI EXPO 2010
2010 上海世博会日本馆

建造年代：2010
地点：中国 上海
建筑师：彦坂裕（Yutaka Hikosaka）
合成材料（产品）：半透明 ETFE 膜充气单元
相关网站：www.yhikosaka.com
邮箱：liyang@detaoma.com

双层轻质 ETFE 膜充气单元与钢结构相接，外层膜透明，内层膜紫藤色，中间充空气，达到隔热节能的效果。其中内层膜安装了光伏电池板,产生部分电力。

SHIMOGAMO JINJA HOJOAN
京都下鸭神社

<u>建造年代</u>：2013
<u>地点</u>：日本 京都
<u>建筑师</u>：隈研吾联合事务所（Kengo Kuma and Associates）
<u>合成材料（产品）</u>：半透明 ETFE 膜
<u>相关网站</u>：www.kkaa.co.jp
<u>邮箱</u>：kuma@ba2.so-net.ne.jp
<u>图片提供</u>：Kengo Kuma and Associates

ETFE

这一小棚屋用杉木、ETFE 塑料和磁性材料建造，隈研吾希望运用现代的材料和建造技术建一个有历史感的小棚。为了突出它的"移动性"，使用了 ETFE 塑料，既可以卷起来也便于携带。

PTFE

MILLENNIUM DOME
千年穹顶

建造年代：2000
地点：英国 伦敦
建筑师：理查德·罗杰斯、罗杰斯·斯特克·哈伯及合伙人事务所（Richard Rogers / Rogers Stirk Harbour + Partners）
合成材料（产品）：白色 PTFE 复合膜
相关网站：www.richardrogers.co.uk
邮箱：enquiries@rsh-p.com

巨大的穹顶由玻纤织物基层及白色 PTFE 涂层复合膜制成，具有良好的耐候性和保温性，最高点高达 50m。

COMMERCIAL BUILDING, "LA MIROITERIE" LAUSANNE
洛桑市商业建筑

建造年代： 2007
地点： 瑞士 洛桑
建筑师： B+W 事务所，洛桑（B+W architecture, Lausanne）
合成材料（产品）： 白色 PTFE 膜充气单元
相关网站： www.bw-arch.ch
邮箱： mail@bw-arch.ch

外立面非透明部分由多个三角形塑料薄膜充气单元组成。每个单元共四层，包括一层白色 PTFE，三层透明 ETFE。这座建筑因这种织物感的立面，已成为当地的地标。

PTFE

ROOF CONSTRUCTION FOR THE CENTRAL AXIS OF THE EXPO 2010 SHANGHAI
2010 上海世博会中轴线构筑物

建造年代：2006 — 2010
地点：中国 上海
建筑师：SBA 建筑事务所（SBA Architekten, Stuttgart）
合成材料（产品）：白色 PTFE 复合膜
相关网站：www.sba-design.eu
邮箱：info@sba-int.com

世博轴上的构筑物"阳光谷"采用白色
PTFE 复合膜，跨度约 100m，是世界上
屋盖跨度最大的膜结构构筑物。

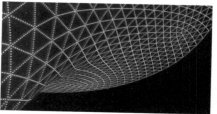

CENTRE POMPIDOU-METZ
梅茨蓬皮杜中心

建造年代： 2010

地点： 法国 梅茨（Metz）

建筑师： 坂茂事务所，东京（Shigeru Ban Architects, Tokyo）

合成材料（产品）： 半透明白色聚四氟乙烯复合膜

相关网站： www.shigerubanarchitects.com

邮箱： tokyo@shigerubanarchitects.com

PTFE

屋顶表层使用聚四氟乙烯（特氟龙）涂层玻纤复合膜，透光度较高，使入射光线柔和自然，进一步促进了下部室内外空间的融合。

PTFE

MEME MEADOWS
隈研吾的实验住宅 MEME

建造年代: 2011
地点: 日本 北海道
建筑师: 隈研吾联合事务所（Kengo Kuma & Associates）
合成材料（产品）: 白色 PTFE 复合膜
相关网站: www.kkaa.co.jp
邮箱: kuma@ba2.so-net.ne.jp
图片提供: Kengo Kuma and Associates

应对北海道严寒的冬季是这座实验建筑的基本前提。采用木框架结构，外层采用白色氟碳涂层聚酯基复合膜，内层则是玻纤复合膜，中间插入从塑料瓶回收的聚酯绝缘材料。在保温的同时，双层膜外墙还使建筑拥有了柔和、温暖的半透明感。

FABRIC FACADE STUDIO APARTMENT
织物立面公寓

<u>建造年代</u>: 2011
<u>地点</u>: 荷兰 阿尔梅勒（Almere）
<u>建筑师</u>: cc 工作室（cc - studio）
<u>合成材料（产品）</u>: 白色 PTFE 复合膜
<u>相关网站</u>: www.cc-studio.nl
<u>邮箱</u>: info@cc-studio.nl
<u>图片提供</u>: John Lewis Marshall

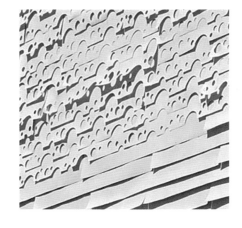

PTFE

雕刻图案的织物条在风中摇摆，十分生动。出于尽可能降低造价的目的，建筑的表皮材料采用了 PTFE 涂层玻纤复合织物卷。该材料原本用于食品工业生产中的输送机皮带，非常耐用，不可燃。卷材由 Verseidag-Indutex 公司赞助，并由建筑师和业主手工安装。

其他

SPACE FOR THE SUMMER
夏日小屋

建造年代： 1999
地点： 德国 柏林
建筑师： 迈克尔·乔尔，拉多斯劳·乔斯维克，科斯马斯·鲁佩尔（Michael Johl, Radoslaw Joswiak, Cosmas Ruppel）
合成材料（产品）： 透明 PET 饮料瓶

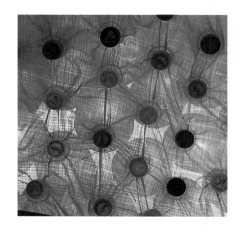

建筑本体由 3000 个饮料瓶构成，塑料瓶的瓶盖与瓶身中间隔着一张半透明膜扣在一起，并用这种方法将所有的饮料瓶连接起来。

PLASTIC OUTHOUSE, BEIJING
塑料洗手间

__建造年代：__ 2004

__地点：__ 中国 北京

__建筑师：__ 非常建筑（Atelier FCJZ）

__合成材料（产品）：__ 半透明聚乙烯气泡垫／透明有机玻璃平板／透明聚碳酸酯平板

__相关网站：__ www.fcjz.com

__邮箱：__ fcjz@fcjz.com

__图片提供：__ 非常建筑

洗手间的围护结构为塑料蜂窝隔板（常用于景观人行道），填充包装用气泡垫，内外表面用透明的聚碳酸酯板和有机玻璃板包裹。洗手间拥有良好的采光条件，不仅造价低廉，并且非常轻巧。

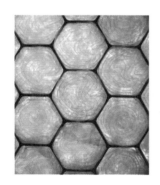

SINGLE-FAMILY HOUSE IN FELDKIRCH
费尔德基希独户别墅

建造年代： 2005
地点： 奥地利 费尔德基希（Feldkirch）
建筑师： 沃尔特·安特林纳（Walter Unterrainer）
合成材料（产品）： 黑色涂层纤维布
相关网站： www.architekt-unterrainer.com
邮箱： office@architekt-unterrainer.com

外墙表面使用了黑色涂层纤维布，这种材料通常用于园艺领域并具有超强的防紫外线能力。布料接缝处使用了成排的铆钉。这座住宅还使用了各种节能技术，是被动式节能的典型范例。

MUSEUM PAVILION IN ROTTERDAM
塑料箱搭建的鹿特丹展馆

建造年代: 2005
地点: 荷兰 鹿特丹
建筑师: 肯普和西尔工作室（Atelier Kempe & Thill）
合成材料（产品）: 限量版半透明白色荷兰标准啤酒箱
相关网站: www.atelierkempethill.com
邮箱: info@atelierkempethill.com

展厅使用限量版半透明白色荷兰标准啤酒箱建造，外形为 15m 长，4m 宽，6m 高，由于塑料箱是半透明的，光线可以均匀地在展厅内散射，为艺术品提供良好的光环境。展厅造价十分低廉，并可方便地移建。

其他

FAST ARCHITECTURE - STUDIO GHIGOS
快速建筑

建造年代：2006
地点：意大利 米兰
建筑师：吉古斯创意事务所（Ghigos Ideas）
合成材料（产品）：白色成品 HDPE 塑料桶
相关网站：www.ghigos.com
邮箱：info@ghigos.com

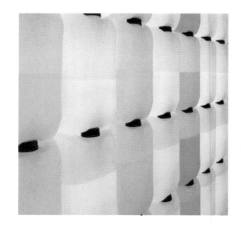

在白色成品塑料桶中加注掺入颜料的水，形成一个个"细胞"或"砖块"。然后将它们连缀起来，组成一个个构筑物，随着构筑物的生长，它们可以成为"城市构图"的一部分。这是一个装饰与游戏的结合。

UNIVERSITY OF SHEFFIELD SOUNDHOUSE
谢菲尔德大学音乐厅

其他

建造年代： 2008
地点： 英国 谢菲尔德（Sheffield）
建筑师： 凯里·琼斯事务所 / 杰弗森·谢尔德事务所（Carey Jones Architects, Jefferson Sheard Architects）
合成材料（产品）： 黑色硫化橡胶涂层复合膜
相关网站： www.careyjones.com
邮箱： info@careyjones.com

建筑外墙覆盖着绷紧的黑色硫化橡胶膜材，阵列排布的不锈钢钉起紧固和装饰作用。橡胶外墙在工厂制作并焊接为 4 块 14m x 8m 的巨大板块，最终在现场安装。黑色橡胶反映了建筑内在的声学需求，并将之转化为外部审美。

其他

AIR FOREST-PAVILLION IN DENVER
丹佛的空气森林亭

建造年代：2008
地点：美国 丹佛（Denver）
建筑师：Mass 研究室（Mass Studies）
合成材料（产品）：半透明尼龙织物膜
相关网站：www.massstudies.com
邮箱：office@massstudies.com

空气森林厅为充气结构，用鼓风机充气
膨胀。巨大的尼龙纤维织物本身为半透
明的白色，表面印刷了银色的圆点，可
以有趣地反射出环境的影像。屋顶结构
由九个六边形顶棚拼接，共 35 根立柱。

ZENITH STRASBOURG
斯特拉斯堡天顶音乐厅

建造年代：2008
地点：法国 斯特拉斯堡
建筑师：福克萨斯工作室（Studio Fuksas）
合成材料（产品）：半透明橙色硅涂层复合膜
相关网站：www.fuksas.it
邮箱：press@fuksas.com

一组非平行的钢环外包裹着橘红色织物
薄膜，使音乐厅像一座雕塑，悬浮而
轻盈，夜晚更如灯笼。织物膜材来自
CANOBBIO 公司，为玻纤基材硅涂层的
膜材，透明度高于聚氯乙烯膜材。

其他

BEST PRACTICE ZONE B-3-2,SHANGHAI EXPO 2010
2010 上海世博会最佳实践馆中部展馆 B-3-2

建造年代：2010
地点：中国 上海
建筑师：阿奇亚事务所（Archea Associati）
合成材料（产品）：白色硅涂层复合膜
相关网站：www.archea.it
邮箱：staff@archea.it

为了满足世博会易拆易建的要求，整个建筑物采用无灰浆技术进行建造，建造过程中 90% 以上的部件可回收。外墙为斜向排布的金属框单元，每个单元内镶嵌硅涂层复合膜，这让大体量的建筑具有了柔软且有振动感的外表。

REPUBLIC OF KOREA BUSINESS PAVILION,SHANGHAI EXPO 2010
2010 上海世博会韩国企业馆

<u>建造年代：</u> 2010
<u>地点：</u> 中国 上海
<u>建筑师：</u> 海恩事务所（HAEAHN Architecture）
<u>合成材料（产品）：</u> 半透明绿色合成树脂膜
<u>相关网站：</u> www.haeahn.com
<u>邮箱：</u> contact@haeahn.com

建筑外立面采用可再利用的合成树脂膜材料，酷似水波环绕在建筑物上。夜晚灯光投影的变化赋予建筑变换的动感。世博会结束后外立面可拆下来做成环保袋。

其他

SWITZERLAND PAVILION,SHANGHAI EXPO 2010
2010 上海世博会瑞士馆

建造年代：2010
地点：中国 上海
建筑师：毕希纳和布伦特勒事务所（Buchner Brundler）
合成材料（产品）：半透明红色植物树脂蛋白材料圆盘
相关网站：www.bbarc.ch
邮箱：mail@bbarc.cn

菱形网格的铝丝帘幕上固定着数千个红色半透明的由植物树脂蛋白材料制作而成的圆盘。内部含太阳能电池、双层电容、发光二极管组成的装饰，可以根据周边光环境与行人产生互动。场馆拆除后，这些圆盘被当作纪念品出售，由爱好者带到世界各地。

MARKET HALL AND SHOPS "IN THE VIADUCT" IN ZURICH
苏黎世"高架桥下"的市场大厅和商店

<u>建造年代</u>：2010

<u>地点</u>：瑞士 苏黎世

<u>建筑师</u>：EM2N 事务所，马蒂亚斯·穆勒和丹尼尔·尼格里（EM2N Architects, Zurich Mathias Muller, Daniel Niggli）

<u>合成材料（产品）</u>：黑色橡胶涂层复合膜

<u>相关网站</u>：www.em2n.ch

<u>邮箱</u>：caroline.vogel@em2n.ch

这组商店来自于一项高架桥下空间改造项目，巨石建造的铁路桥巨大而又古老，改造段总长 500m。立面和屋面不透明部分均覆盖着黑色橡胶涂层复合膜材。黑色的屋顶与石桥色彩分明。

其他

BLACK RUBBER BEACH HOUSE
黑色橡胶海滨别墅

建造年代： 2010
地点： 英国 肯特郡（County of Kent）
建筑师： 西蒙·康德尔联合事务所（Simon Conder Associates）
合成材料（产品）： 黑色三元乙丙橡胶卷材
相关网站： www.simonconder.co.uk
邮箱： sca@simonconder.co.uk

这是一个改造并扩建的住宅，原有的屋顶和墙板被拆掉，内部代之以云杉板，外墙和屋顶则覆盖黑色三元乙丙橡胶卷材。小屋体现出低造价高品质的特点，黑色橡胶延续了周围的老建筑外涂焦油的传统感觉。

FINNISH PAVILION,SHANGHAI EXPO 2010
2010 上海世博会芬兰馆

其他

<u>建造年代</u>：2010
<u>地点</u>：中国 上海
<u>建筑师</u>：JKMM 事务所（JKMM Architects）
<u>合成材料（产品）</u>：白色纸塑复合瓦
<u>相关网站</u>：www.jkmm.fi
<u>邮箱</u>：forename.surname@jkmm.fi

纸片与塑料的复合物——纸塑瓦呈鳞片状覆盖在芬兰馆这座巨大的"冰壶"表面。纸塑复合材料同时还是工厂的回收产品，原料中有 60% 是一种不干胶标签材料生产过程中产生的废弃物。内院则采用了复合膜材。

192-201

APPENDICES
附录

APPENDIX I: TECHNICAL INFORMATION
附录 I: 塑料分类表 [10]

塑料名称	商品名称*	用途	特点	物理属性			生产商	化学抗性		成本
Thermoplastics 热塑性塑料 Acrylics 丙烯酸树脂 PMMA 聚甲基丙烯酸甲酯	Perspex Diakon Oroglas Plexiglas	标识，检视窗，尾光镜头（食物搅拌机），自动贩卖机，照明扩散器，高保真防尘罩	坚固，刚性，透明，光滑，耐风化，优秀的热塑性，铸造性，以及加工性能	拉伸模量 切口冲击强度 线性膨胀系数 最高使用温度 比重	2.9-3.3 1.5-3.0 60-90 70-90 1.19	n/mm² kj/m² ×10⁶ ℃	ICI ICI Elf Atochem Rohm	稀酸 稀碱 油和油脂 脂肪族烃 芳（族）烃 卤化烃化物 醇类	4 4 4 2 1 1 4	★ ★
Acrulonitrile 丙烯腈 Butadiene 丁二烯 Styrene 苯乙烯 ABS 丙烯腈-丁二烯-苯乙烯	Lustran Magnum Novodur Teluran Ronaflin	电话送受话器，行李箱，家用电器外壳（食物搅拌机），电镀件，水箱，把手，计算机外壳	刚性，不透明，光滑，坚韧，良好的低温性能，良好的空间稳定性，易于电镀，低蠕变	拉伸模量 切口冲击强度 线性膨胀系数 最高使用温度 比重	1.8-2.9 12-30 70-90 80-95 1.04-1.07	n/mm² kj/m² ×10⁶ ℃	Bayer Dow Bayer BASF DSM	稀酸 稀碱 油和油脂 脂肪族烃 芳（族）烃 卤化烃化物 醇类	4 4 4 2 1 1 1	★
Armids 芳族聚酰胺	Kevlar	航天组件，纤维增强材料，耐高温泡沫，化学纤维，弧形焊枪	刚性，不透明，高强度，优越的电属性和热属性（华氏896/摄氏480度），抗辐射，高成本	拉伸模量 切口冲击强度 线性膨胀系数 最高使用温度 比重	n/a n/a n/a n/a n/a	n/mm² kj/m² ×10⁶ ℃	DuPont	稀酸 稀碱 油和油脂 脂肪族烃 芳（族）烃 卤化烃化	n/a n/a n/a n/a n/a n/a	★ ★ ★
Cellulosics 纤维素 CA,CAB,CAP,CN 乙酸、丙酸、丁酸、硝酸纤维素	Dexel Tenite	双孔构架，标识镜框，牙刷，工具把手，透明包装材料，金属化零件（反射器等），笔筒	刚性，透明，坚韧（即使在低温情况下），低起电性，易塑性，相关地低成本	拉伸模量 切口冲击强度 线性膨胀系数 最高使用温度 比重	0.5-0.4 2.0-6.0 80-180 45-70 1.15-1.35	n/mm² kj/m² ×10⁶ ℃	Courtaulds Eastman Chemical	稀酸 稀碱 油和油脂 脂肪族烃 芳（族）烃 卤化烃化物	2 1 4 4 1 1	★ ★
Ethylene vinyl 乙烯基塑料 Acetate 醋酸盐 EVA	Evatane	奶嘴，手柄握把，软管，记录转盘垫，啤酒管，吸尘器清洗软管	柔软（有弹力），透明，良好的低温弹性（华氏-94/摄氏-70度），良好的化学耐性，高摩擦系数	拉伸模量 切口冲击强度 线性膨胀系数 最高使用温度 比重	0.05-0.2 No break 160-200 55-65 0.926-0.950	n/mm² kj/m² ×10⁶ ℃	Elf Atochem	稀酸 稀碱 油和油脂 脂肪族烃 芳（族）烃 卤化烃化物 醇类	4 4 3 4 1 1 4	★
Fluoroplastics 氟塑料 PTFE 聚四氟乙烯（橡胶） FEP 氟化乙丙烯（橡胶）	Fluon Hostaflon Teflon	不粘锅涂料，垫圈，包装材料，低温电子医学应用，实验室设备，泵配件，螺纹密封袋，轴承	半刚性，半透明，极低的摩擦系数	拉伸模量 切口冲击强度 线性膨胀系数 最高使用温度 比重	0.35-0.7 13-no break 120 205-250	n/mm² kj/m² ×10⁶ ℃	ICI Ticoma Dupont	稀酸 稀碱 油和油脂 脂肪族烃 芳（族）烃 卤化烃化物 醇类	4 4 4 4 4 X 4	★ ★ ★

10. 译自 Chris Lefteri. The Plastic Handbook [M] . Switzerland: RotoVision, 2008: 272 - 277

塑料名称	商品名称*	用途	特点	物理属性			生产商	化学抗性		成本
Nylons 尼龙 (Polyamides 聚酰胺)PA	Rilsan Trogamid T Zytel Ultramid Akulon	齿轮,拉链,压力输送管道,人造纤维,轴承(特别是食品加工器械),螺丝,螺帽,炊具,插座,梳子,链栅栏	刚性,半透明,坚韧,可穿戴,抗疲劳和蠕变,耐燃料,油脂,耐大部分溶剂,可以通过蒸汽消毒	拉伸模量 切口冲击强度 线性膨胀系数 最高使用温度 比重	2.0-3.4 5.0-6.0 70-110 80-120 1.13	n/mm² kj/m² ×10⁶ ℃	Elf Atochem Vestolit DuPont BASF DSM	稀酸 稀碱 油和油脂 脂肪族烃 芳(族)烃 卤化烃化物 醇类	1 3 4 4 4 Xxx 1	★ ★
Polyacetals 聚缩醛(树脂) POM	Derlin Kematal	商用机械构件,小压力容器,喷雾剂阀门,线圈架,钟表零部件,核工程部件,管道系统,鞋部件	刚性,半透明,坚韧,类弹簧性,良好的应力松弛耐性,良好的耐磨和电属性,抗蠕变和有机溶剂	拉伸模量 切口冲击强度 线性膨胀系数 最高使用温度 比重	3.4 5.5-12 110 90 1.41	n/mm² kj/m² ×10⁶ ℃	DuPont Ticona	稀酸 稀碱 油和油脂 脂肪族烃 芳(族)烃 卤化烃化物	1 4 Xxx 4 Xxx 4	★ ★
Polycarbonate 聚碳酸酯 PC	Calibre Lexan Makrolon Xantar	光盘,防暴盾牌,防爆玻璃,婴儿哺乳瓶,安全帽,头打镜片,透明容器	刚性,透明,抗冲击性好(低至华氏-150°),耐候性好,不易变形,介电性,耐火	拉伸模量 切口冲击强度 线性膨胀系数 最高使用温度 比重	2.4 60-80 67 125 1.2	n/mm² kj/m² ×10⁶ ℃	Dow GE Plastics Bayer DSM	稀酸 稀碱 油和油脂 脂肪族烃 芳(族)烃 卤化烃化物 醇类	3 3 4 2 1 1 n/a	★ ★
Ployesters 聚酯纤维,涤纶 (Thermoplastics 热塑性塑料) PETP PBT 聚丁烯对苯二酸酯 PET 聚对苯二甲酸乙二醇酯	Beetle Melinar Rynite Mylar arnite	碳酸饮料瓶,商用机械构件,人造纤维,录像带录音带,微波器皿	刚性,透明,极其坚韧,良好的抗蠕变性,温度抗性范围宽(华氏-40° ~ -392° / 摄氏-40° ~ 200°),加热不流动	拉伸模量 切口冲击强度 线性膨胀系数 最高使用温度 比重	2.5 1.5-3.5 70 70 1.37	n/mm² kj/m² ×10⁶ ℃	DIP Atochem BASF BP Chemicals HD DSM	稀酸 稀碱 油和油脂 脂肪族烃 芳(族)烃 卤化烃化物 醇类	4 2 4 4 2 2 4	★ ★
Polyethylene 聚乙烯(高密度) HDPE 高密度聚乙烯	Hostalen Lacqtene Lupolen 刚性 ex Stamylan	化工桶,简便油桶,玩具,野餐用品,家居厨房用具,绝缘电缆,购物袋,食品包装材料	柔韧,半透明/柔软光滑,耐候性好,良好的低温耐性(华氏-76°/摄氏-60°),易于加工,低成本,良好的化学耐性	拉伸模量 切口冲击强度 线性膨胀系数 最高使用温度 比重	0.20-0.40 No break 100-220 65 0.944-0.965	n/mm² kj/m² ×10⁶ ℃	Hoechst Atochem BASF BP Chemicals HD DSM	稀酸 稀碱 油和油脂 脂肪族烃 芳(族)烃 卤化烃化物	4 4 Xx 1 1 1	★
Polyethylene 聚乙烯(低密度) LDPE 低密度聚乙烯 LLDPE, 线性低密度聚乙烯	BP Poly-ethylene Dowlex Eltex	塑料挤瓶,玩具包装袋,高频绝缘,化学罐衬里,编织袋,通用包装袋,煤气管水管	半刚性,半透明,非常坚韧,耐候性好,良好的化学耐性,低吸水性,易于加工,低成本	拉伸模量 切口冲击强度 线性膨胀系数 最高使用温度 比重	0.20-0.40 No break 100-220 65 0.917-0.930	n/mm² kj/m² ×10⁶ ℃	BP Chemicals Dow Solvay Chemical	稀酸 稀碱 油和油脂 脂肪族烃 芳(族)烃 卤化烃化物 醇类	4 4 Xx 1 1 1 4	★

塑料名称	商品名称*	用途	特点	物理属性			生产商	化学抗性		成本
Stamylan PP PP 聚丙烯	Hostalen Moplen Novolen Stamylan PP	医院消毒用品，绳索，汽车电池盒，椅子的外壳，整体成型铰链，包装膜，电热水壶，汽车挡泥板和内饰组件	半刚性，半透明，良好的化学耐性，坚韧，良好的抗疲劳性，整体铰链	拉伸模量 切口冲击强度 线性膨胀系数 最高使用温度 比重	0.95-1.30 3.0-30.0 100-150 80 0.905	n/mm² kj/m² ×10⁶ ℃	Targor Montell BASF DSM	稀酸 稀碱 油和油脂 脂肪族烃 芳（族）烃 卤化烃化物 醇类	4 4 Xx 1 1 1 4	★
Polystyrene 聚苯乙烯 （通用） PS	BP poly -styrene Lacqrene Polystrol Styron P	玩具和小摆件，硬包装，冰箱托盘和盒子，化妆品包装，服装首饰，照明扩散器，CD箱	易碎，刚性，透明，低收缩性，低成本，优秀的X光抗性，无嗅无味，易于加工	拉伸模量 切口冲击强度 线性膨胀系数 最高使用温度 比重	2.30-3.60 2.0-2.5 80 70-85 1.05	n/mm² kj/m² ×10⁶ ℃	BP Chemicals Atochem DSM Dow	稀酸 稀碱 油和油脂 脂肪族烃 芳（族）烃 卤化烃化物 醇类	Xxx 4 Xxx 4 1 1 Xx	
Polystyrene 聚苯乙烯 （高冲击强度） HIPS 耐冲击性聚苯乙烯	BP poly -styrene Lacqrene Polystrol Styron	酸奶罐，冰箱内衬，自动售货机，浴室柜，厕所马桶盖和水箱，密封圈，仪器控制钮	坚固，刚性，半透明，高冲击强度（7*GPPS）	拉伸模量 切口冲击强度 线性膨胀系数 最高使用温度 比重	2.20-2.70 10.0-20.0 80 60-80 1.03-1.06	n/mm² kj/m² ×10⁶ ℃	BP Chemicals Atochem DSM Dow	稀酸 稀碱 油和油脂 脂肪族烃 芳（族）烃 卤化烃化物 醇类	2 4 2 4 1 1 x	★
Polysulphone 聚砜 （家庭） PES 聚醚砜 PEEK 聚醚醚酮	Udel Ultrason Victrex PEEK	高低温应用，微波炉烤架，电/冷冻外科手术工具，航天电池，核反应堆部件	高温下杰出的抗氧化性（华氏 328-572/摄氏 -200-300），透明，刚性，高成本，难于加工	拉伸模量 切口冲击强度 线性膨胀系数 最高使用温度 比重	2.10-2.40 40.0-no break 45-83 160-250 1.24-1.37	n/mm² kj/m² ×10⁶ ℃	Amoco BASF Victrex	稀酸 稀碱 油和油脂 脂肪族烃 芳（族）烃 卤化烃化物 醇类	4 4 4 Xx 1 1 4	★ ★ ★
Polyvinyl 乙烯聚合物 Chloride 氯化物 PVC 聚氯乙烯	Solvic Evipol Norvinyl Lacovyl	窗框，排水管，屋顶板，电缆和电线绝缘，地砖，橡胶软管，文具套，时尚鞋品，器皿，塑料包装，皮革布	刚性，柔韧，透明，耐用，耐风化，耐火，良好的冲击强度，良好的绝缘性，极限低温属性	拉伸模量 切口冲击强度 线性膨胀系数 最高使用温度 比重	2.6 2.0-45 80 60 1.38	n/mm² kj/m² ×10⁶ ℃	Solvay Chemical EVC Hydro Polymers Elf Atochem	稀酸 稀碱 油和油脂 脂肪族烃 芳（族）烃 卤化烃化物 醇类	4 4 Xxx 4 1 Xx xxx	★
Polyurethane 聚亚胺脂 （热塑性塑料） PU 聚氨甲酸酯，聚氨酯 Thermosets 热固性材料		鞋底和运动鞋的鞋跟，锤子头，密封垫片，滑板车轮，合成革面料，静音运行装置	柔韧，透明，有弹性，耐磨，不可渗透	拉伸模量 切口冲击强度 线性膨胀系数 最高使用温度 比重	n/a n/a n/a n/a n/a	n/mm² kj/m² ×10⁶ ℃		稀酸 稀碱 油和油脂 脂肪族烃 芳（族）烃 卤化烃化物 醇类	n/a n/a n/a n/a n/a n/a n/a	★ ★

塑料名称	商品名称*	用途	特点	物理属性			生产商	化学抗性		成本
Thermoplastics 热固性塑料 Epoxies EP	Araldite Crystic Epicote	粘合剂, 涂料, 封装, 电器元件, 心脏起搏器, 航空航天应用	刚性, 透明, 非常坚韧, 化学耐性, 良好的粘附性能, 固化温度低, 低收缩性	拉伸模量 切口冲击强度 线性膨胀系数 最高使用温度 比重	n/a n/a n/a n/a n/a	n/mm² kj/m² ×10⁶ ℃	Ciba Geigy Scott Bader Shell	稀酸 稀碱 油和油脂 脂肪族烃 芳（族）烃 卤化烃化物 醇类	n/a n/a n/a n/a n/a n/a n/a	★ ★ ★
Melamines 三聚氰胺 Ure(aminos) MF, UF 密胺树脂	Beetle Scarab	装饰层压板, 灯具, 餐具, 重型电力设备, 层压树脂, 表面涂层, 瓶盖, 马桶盖	坚固, 不透明, 坚韧, 耐划伤, 自熄性, 易于打扫, 颜色丰富, 抗洗涤剂	拉伸模量 切口冲击强度 线性膨胀系数 最高使用温度 比重	n/a n/a n/a n/a n/a	n/mm² kj/m² ×10⁶ ℃	Bip Chemicals Bip Chemicals	稀酸 稀碱 油和油脂 脂肪族烃 芳（族）烃 卤化烃化物 醇类	n/a n/a n/a n/a n/a n/a n/a	★
Phenolics 酚醛塑料 PF	Cellobond	烟灰缸, 灯座, 瓶盖, 锅柄, 国内插头和开关, 焊钳, 铸铁件和电器	坚固, 易碎, 不透明, 良好的电热抗性, 重压下不变形, 低成本, 抗大多数酸	拉伸模量 切口冲击强度 线性膨胀系数 最高使用温度 比重	n/a n/a n/a n/a	n/mm² kj/m² ×10⁶ ℃	BP Chemicals	稀酸 稀碱 油和油脂 脂肪族烃 芳（族）烃 卤化烃化物 醇类		★ ★
Polyester 聚酯纤维, 涤纶 (unsaturated 不饱和的) SMC,DMC, GRP 玻璃钢	Beetle Crystic Synoject	船体, 建筑板, 压缩机壳体, 内嵌物和外敷物	刚性, 透明, 化学抗性, 高强度, 低蠕变, 良好的点属性, 低温冲击抗性, 低成本	拉伸模量 切口冲击强度 线性膨胀系数 最高使用温度 比重	n/a n/a n/a n/a n/a	n/mm² kj/m² ×10⁶ ℃	Bip Chemicals Scott Bader Cray Valley	稀酸 稀碱 油和油脂 脂肪族烃 芳（族）烃 卤化烃化物 醇类	n/a	★
Polyurethane 聚氨基甲酸酯 (cast elastomers) 聚氨酯弹性体 EP		印刷辊, 实心轮胎, 车轮, 鞋脚跟, 汽车挡泥板	有弹性, 化学和摩擦耐性, 不可渗透, 可在宽硬度范围内生产	拉伸模量 切口冲击强度 线性膨胀系数 最高使用温度 比重	n/a n/a n/a n/a	n/mm² kj/m² ×10⁶ ℃	ICI Shell Dow	稀酸 稀碱 油和油脂 脂肪族烃 芳（族）烃 卤化烃化物 醇类	n/a n/a	★ ★

✻ 商品名称: 即各原材料生产商以某种塑料为原料生产或开发的系列产品的市场名称, 如聚四氟乙烯 (PTFE) 应用于不粘锅行业时其商品名为 " 特氟龙 "(Teflon); 又如, 同为以有机玻璃 (PMMA) 作为基材开发的建筑用板材, 英国生产商开发的商品名为 Perspex, 而美国生产商则称为 Plexiglas.

APPENDIX II: TYPE ANALYSIS OF PLASTICS
附录 II： 案例主要材料应用比例分析表

APPENDIX III: LOCATIONS OF THE CASES
附录 III： 案例所在国家比例分析表

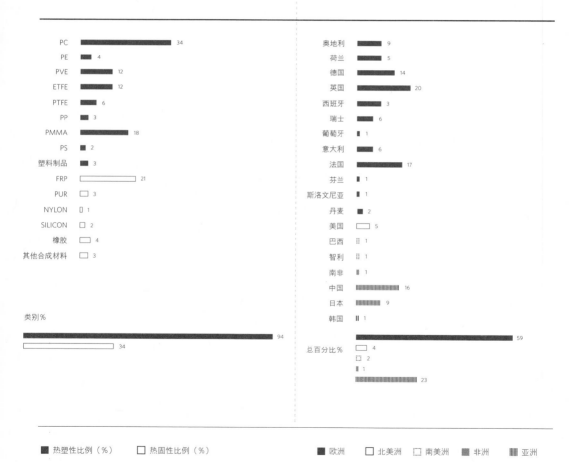

PC	34
PE	4
PVE	12
ETFE	12
PTFE	6
PP	3
PMMA	18
PS	2
塑料制品	3
FRP	21
PUR	3
NYLON	1
SILICON	2
橡胶	4
其他合成材料	3

类别%
94
34

奥地利	9
荷兰	5
德国	14
英国	20
西班牙	3
瑞士	6
葡萄牙	1
意大利	6
法国	17
芬兰	1
斯洛文尼亚	1
丹麦	2
美国	5
巴西	1
智利	1
南非	1
中国	16
日本	9
韩国	1

总百分比%
59
4
2
1
23

■ 热塑性比例（%）　　□ 热固性比例（%）　　　　　■ 欧洲　　□ 北美洲　　⣿ 南美洲　　■ 非洲　　‖‖‖ 亚洲

BIBLIOGRAPHY /
参考文献

[1] 陈根 . 塑料之美 [M]. 北京：电子工业出版社，2010.

[2]（德）奥斯瓦尔特鲍尔布林克曼,奥伯巴赫施马赫腾贝格.国际塑料手册 [M]. 北京：化学工业出版社，2010.

[3]（西）迪米斯特·考斯特（编著）.塑料——建筑师材料语言 [M]. 北京：电子工业出版社，2012.

[4] 未来 50 年塑料工业会有什么新变化 [J]. 国外塑料，2006，20（5）.

[5] 建筑技艺 [J]. 2010（09/10）.

[6] 建筑创作 [J]. 2010（07/08）.

[7] 建筑学报 [J]. 2010（05）.

[8] 建筑细部 Architecture & DETAIL [J]. 2009（02）.

[9] Plastic in Architecture [J]. Detail, 2002 (12).

[10] Façade Construction Manual 2[J]. Detail, 2002 (12).

[11] Frank Kaltenbach (Ed.). Translucent Materials-Detail Praxis [M]. Munich: Birkhauser Edition Detail, 2004.

[12] Chris Lefteri. The Plastic Handbook [M]. Switzerland: RotoVision, 2008.

[13] Blaine Brownell (Ed.). Transmaterial [M]. New York: Princeton Architectural Press, 2006.

[14] Blaine Brownell (Ed.). Transmaterial2 [M]. New York: Princeton Architectural Press, 2008.

[15] Axel Ritter (Ed.). Smart Materials [M]. Berlin: Birkhauser, 2007.

[16] Chris Lefteri. Materials For Inspirational Design. [M]. Switzerland: RotoVision, 2001.

[17] Chris Lefteri. Making It Manufacturing Techniques For Product Design [M]. London: Laurence King Publishing, 2007.

[18] Cristian Campos (Ed.). Plastic [M]. Barcelona: maomao publication, 2007.

[19] Mike Ashby and Kara Johnson [M]. USA: Elsevier, 2008.

[20] George M. Beylerian and Andrew Dent. Material Connexion [M]. New Jersey: John Wiley & Sons, Inc., 2005.

[21] A. Brent Strong. Plastics Materials and Processing [M].3rd. Ed., New Jersey: Pearson Education, Inc., 2006.

[22] Joachim Fischer. 1000x European Architecture [M]. Box edition. USA : Braun Publishing, 2007.

[23] Detail [J]. 2000 (06).

[24] Detail [J]. 2001 (08).

[25] Detail [J]. 2003 (06).

[26] Detail [J]. 2003 (07/08).

[27] Detail [J]. 2003 (09).

[28] Detail [J]. 2004 (03).

[29] Detail [J]. 2004 (12).

[30] Detail [J]. 2005 (06).

[31] Detail [J]. 2006 (03).

[32] Detail [J]. 2006 (07/08).

[33] Detail [J]. 2008 (05).

[34] Detail [J]. 2008 (06).

[35] Detail [J]. 2009 (02).

[36] Detail [J]. 2009 (05).

[37] Detail [J]. 2009 (12).

[38] Detail [J]. 2010 (07/08).

[39] Detail [J]. 2010 (09).

[40] Detail [J]. 2010 (10).

[41] Detail [J]. 2010 (11).

[42] Detail [J]. 2011 (04).

[43] Detail [J]. 2011 (12).

[44] Detail [J]. 2012 (03).

[45] Detail [J]. 2012 (07/08).

AUTHORIZED CASES AND PHOTOGRAPH PROVIDERS /
案例授权和图片提供

Ruffi Sport Complex，Ruffi 综合体育馆，@Remy Marciano
Photo credits @Remy Marciano

House in Zellerndorf，Zellerndorf 家庭别墅，@Franz Architekten
Photo credits @Franz Architekten

Shanghai Corporate Pavilion,Shanghai EXPO 2010，2010 上海世博会上海企业联合馆，@ 非常建筑

Temporary Market Halls in Madrid，马德里临时市场大厅，@ Nieto Sobejano Arquitectos
Photo credits @ROLAND HALBE PHOTOGRAPHY

Aqua-Scape，水滴花茎，@Ryumei Fujiki + Fujiki Studio
Photo credits @Ryumei Fujiki

House in Yamasaki，山崎之家，@Tato Architects
Photo credits @Kenichi Suzuki

Kunsthülle LPL/the serpentine pavilion of the north，北方蛇形画廊，@osa
Photo credits @OSA/KHBT、Johannes Marburg

Studio East Dining，伦敦工地临时餐厅，@Carmody Groarke
Photo credits @ Christian Richters

Spaarne Hospital Bus Station, Spaarne 医院公交车站，@NIO Architecten
Photo credits @ Radek Brunecky，Hans Pattist

UK Pavilion Shanghai EXPO 2010，2010 上海世博会英国馆，@ Thomas Heatherwick

Olympic Stadium Munich,1972，1972 年慕尼黑奥运会体育场，@BEHNISCH ARCHITEKTEN
Photo credits @Gunther Behnisch&Frei Otto

Windshape，风的形状，@ nArchitectsstudio
Photo credits @ nArchitectsstudio

Temporary bar in Porto，波尔图临时酒吧，@Diogo Aguiar, Teresa Otto
Photo credits @ Diogo Aguiar

World Classroom，世界教室，@ Future Systems
Photo credits @ AL_A

Entrance Pavilion in Basle，诺华园入口展厅，@ Marco Serra
Photo credits @ Marco Serra

Shimogamo Jinja Hojoan，京都下鸭神社，@Kengo Kuma and Associates
Photo credits @Kengo Kuma and Associates

The Walbrook London，沃尔布鲁克项目，@ Foster and Partners
Photo credits @ Hufton & Crow，Hufton & Crow，Nigel Young

Fabric Facade Studio Apartment，织物立面公寓，@ cc – studio
Photo credits @ John Lewis Marshall

Meme Meadows，隈研吾的实验住宅 Meme，@ Kengo Kuma and Associates
Photo credits @Kengo Kuma and Associates

Straw House in Eschenz，Eschenz 稻草住宅，@ Felix Jerusalem
Photo credits @ Georg Aerni

Zenith Strasbourg，斯特拉斯堡天顶音乐厅，@ Massimiliano & Doriana Fuksas

Burbuja Manchega，曼查的泡泡，@ plastique fantastique
Photo credits @ Marco Canevacci

Frieze Art Fair，斐列兹艺术博览会 ,@ Carmody Groarke
Photo credits @ Christian Richters

Plastic Outhouse in Beijing，塑料洗手间，@ 非常建筑
Photo credits @ 非常建筑

本书其余未注明图片均来自于互联网公开资料

AUTHORS /
作者简介

胡越

　　北京建筑工程学院建筑系学士，清华大学建筑学院博士。1986 年至今在北京市建筑设计研究院有限公司工作。

　　现为全国勘察设计大师，院总建筑师，教授级高级建筑师，一级注册建筑师。

　　20 年来曾主持设计过多种类型的公共建筑，并获得多项国家级和省部级奖项。在从事设计实践的同时还非常关心建筑设计理论及新材料的运用，曾在国内各种刊物上发表过大量文章，近几年来致力于建筑设计方法论和城市公共空间的研究。

游亚鹏

　　天津大学建筑学学士，2001 年至今在北京市建筑设计研究院有限公司工作。

　　现为高级建筑师，一级注册建筑师。

AFTERWORD /
后记

我们只是普通的实践建筑师，对材料并不十分精通，只是胡越工作室一直对材料比较关注，又由于上海青浦项目的机缘，才对塑料有了一些直观的了解。在此之前，德国的《建筑细部》杂志对塑料有过几次专题报道，引起了我们的注意，从此我们也对塑料产生了一些兴趣。五年前，我们承接了公司内部的一个塑料外墙的研究项目，这也成就了这本小册子。这是一本浅显的读物，希望建筑师能以一种轻松的方式阅读此书，并对作为外墙材料的塑料有一个初步的了解。

本书由胡越总策划，并撰写文字部分，由游亚鹏负责资料收集、整理，撰写后半部分实例的文字，并组织统筹。

参加本书资料收集、整理工作的同仁还有喻凡石、刘全、项曦、周迪峰、冯颖、陈超、孙鑫、王艺洁、耿多，此外，吴汉成和马振宇参与了本书的装帧设计。

同济大学合成材料的专家许乾慰对本书的塑料性能部分做了校核，特此感谢。

本书基本定稿于 2012 年，但在出版过程中几经波折，今天终于得以出版。在这里我们要衷心地感谢在整个过程中支持我们工作的出版社和工作室的各位同仁。

成书过程中，我们与设计了各案例的建筑师建立了联系，他们对本书使用其工程实例进行了授权并提供了照片和作者信息，在此再次表示感谢。

胡越

2016 年 1 月 于北京

图书在版编目（ＣＩＰ）数据

塑料外衣：塑料建筑与外墙概览／胡越，游亚鹏著
. -- 上海：同济大学出版社，2016.4
ISBN 978-7-5608-6085-5

Ⅰ.①塑… Ⅱ.①胡… ②游… Ⅲ.①塑料－外墙－
建筑材料－研究 Ⅳ.① TU532

中国版本图书馆 CIP 数据核字 (2015) 第 292838 号

塑料外衣
塑料建筑与外墙概览
胡越　游亚鹏 著

出品人： 支文军
策划： 秦蕾／群岛工作室
责任编辑： 秦蕾　晁艳
特约编辑： 李争
责任校对： 徐春莲
平面设计： tofu design
　　　　　 info@tofu-design.com
版次： 2016 年 4 月第 1 版
印次： 2016 年 4 月第 1 次印刷
印刷： 联城印刷（北京）有限公司
开本： 160mmX212mm　1/20
印张： 10.6
字数： 270 000
书号： ISBN 978-7-5608-6085-5
定价： 79.00 元
出版发行： 同济大学出版社
地址： 上海市杨浦区四平路 1239 号
邮政编码： 200092
网址： http://www.tongjipress.com.cn
经销： 全国各地新华书店

图片版权声明

LUMINOCITY

"光明城"是同济大学出
版社城市、建筑、设计专
业出版品牌,由群岛工作
室负责策划及出版,致力
以更新的出版理念、更敏
锐的视角、更积极的态度,
回应今天中国城市、建筑
与设计领域的问题。